NOUVELLE ENCYCLOPÉDIE PRATIQUE

BATIMENT ET DE L'HABITATION

RÉDIGÉE PAR

René CHAMPLY, Ingénieur

avec le concours d'Architectes et d'Ingénieurs spécialistes

DEUXIÈME VOLUME

Maçonnerie, Pierre

Brique, Pierres artificielles

Mortiers, Pisé et Torchis

AVEC 64 FIGURES DANS LE TEXTE

PARIS

LIBRAIRIE GÉNÉRALE SCIENTIFIQUE ET INDUSTRIELLE

H. DESFORGES

29, QUAI DES GRANDS-AUGUSTINS, 29

MAÇONNERIE, PIERRE
BRIQUE, PIERRES ARTIFICIELLES
MORTIERS, PISÉ ET TORCHIS

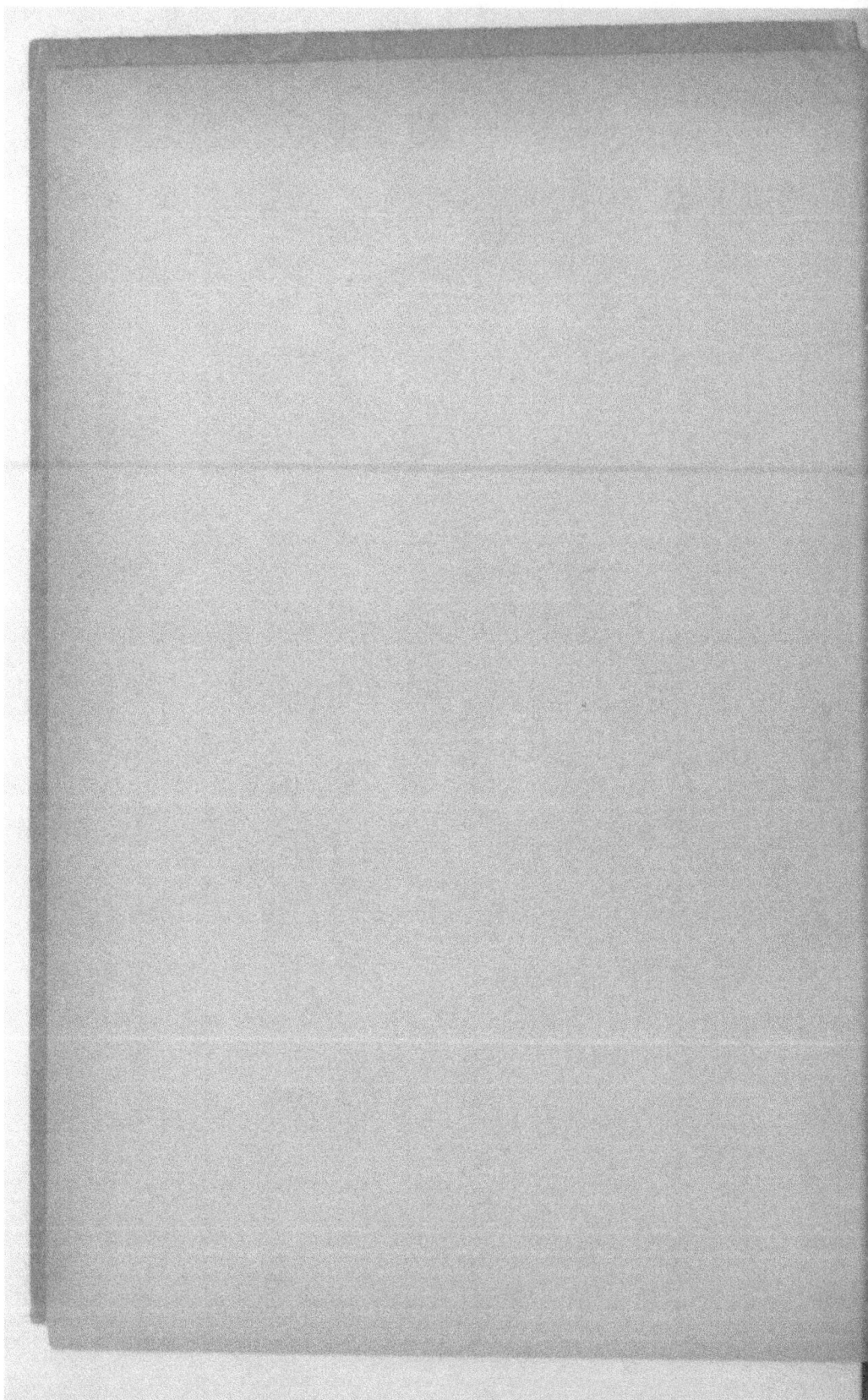

NOUVELLE ENCYCLOPÉDIE PRATIQUE

DU BATIMENT ET DE L'HABITATION

RÉDIGÉE PAR

René CHAMPLY, Ingénieur

avec le concours d'Architectes et d'Ingénieurs spécialistes

DEUXIÈME VOLUME

Maçonnerie, Pierre
Brique, Pierres artificielles
Mortiers, Pisé et Torchis

AVEC 64 FIGURES DANS LE TEXTE

PARIS

LIBRAIRIE GÉNÉRALE SCIENTIFIQUE ET INDUSTRIELLE

H. DESFORGES

29, QUAI DES GRANDS-AUGUSTINS, 29

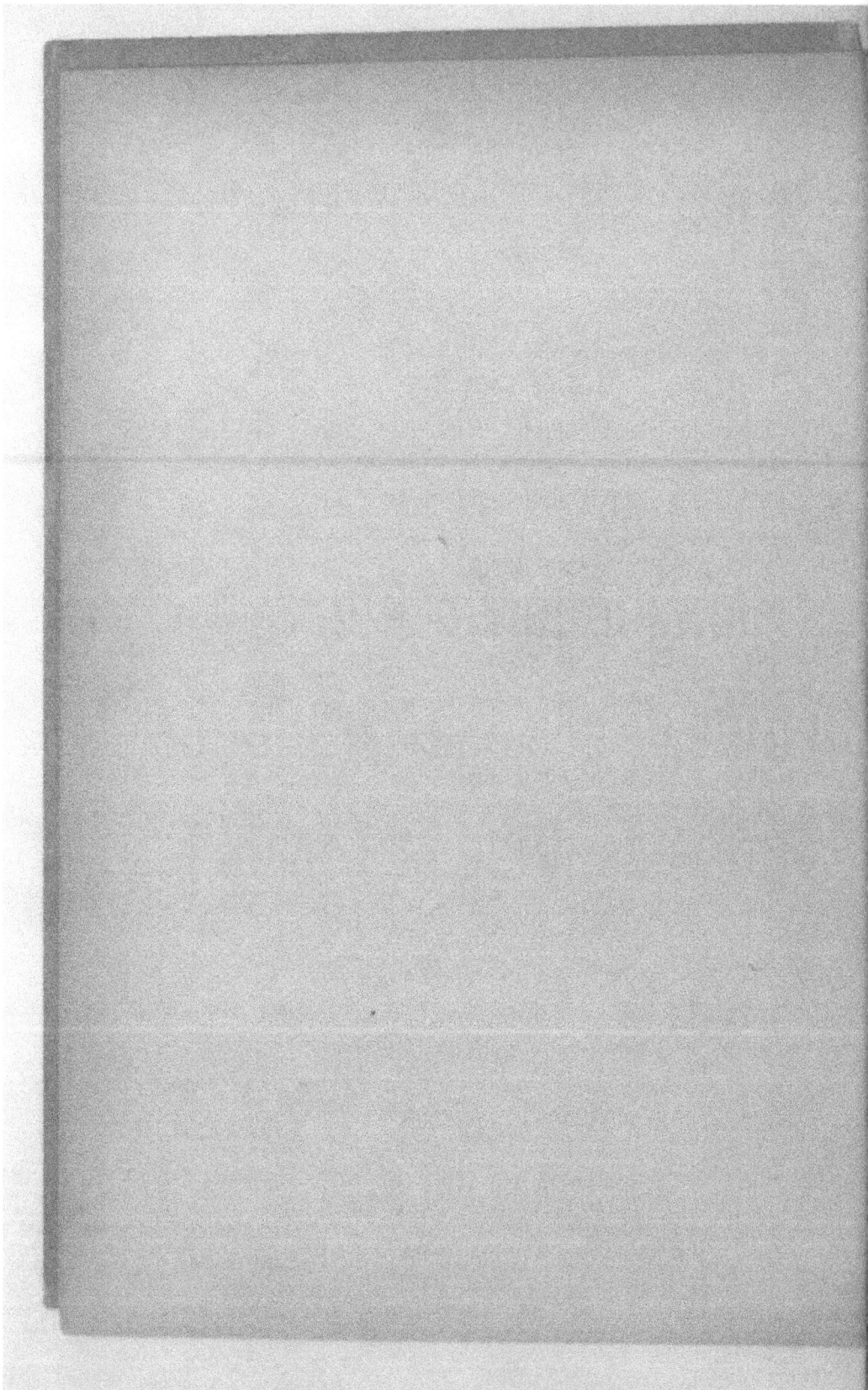

PRÉFACE

Les travaux de maçonnerie comportent d'abord le choix des matériaux propres à assurer la durée des ouvrages ; le bon choix des pierres, des briques, ciments, bétons, chaux et autres matières entrant dans la construction des murailles, est de la plus haute importance, car chacun de ces matériaux a ses qualités et ses défauts qui répondent à un emploi spécial.

Ensuite la manière de disposer les pierres et briques pour en former en les liant entre elles avec le mortier des murs solides et homogènes.

Dans ce volume nous ne traiterons que ces deux objets en reportant au volume *Architecture* tout ce qui se rapporte aux formes des murs qui constituent l'habitation et le bâtiment en général.

René CHAMPLY.

Nouvelle Encyclopédie Pratique
DU BÂTIMENT ET DE L'HABITATION

CHAPITRE PREMIER

MATÉRIAUX DE MAÇONNERIE

Pierres

Les pierres sont employées, selon leurs qualités de résistance à l'écrasement, leur dureté, la beauté de leur grain et leur résistance aux agents atmosphériques, à la construction des ouvrages d'art, ponts, viadues, digues, etc., des murs des maisons et des édifices publics, au pavage et à la fabrication de toutes sortes d'accessoires du bâtiment, tels que seuils, éviers, balcons, etc.

La terre argileuse est employée sous forme de briques et carreaux et aussi en *torchis* ou en *pisé* à la construction des murs et sous forme de tuiles, tuyaux et autres accessoires.

Le béton de ciment ou de chaux hydraulique et le plâtre servent à former des pierres factices qui s'emploient de plus en plus dans les constructions modernes ; ils constituent aussi la base des mortiers nécessaires à la liaison des matériaux qui constituent les murs.

On nomme *appareil* l'art de tailler, d'assembler et de disposer les pierres, briques, marbres, etc., selon leur convenance et leur relation avec les diverses parties d'un édifice. C'est ainsi que l'on dit qu'un bâtiment est d'un bel appareil quand ses pierres sont de bonne et égale proportion et disposées avec symétrie. On dit aussi : l'*appareil des briques*, l'*appareil des pierres*, pour indiquer le mode de disposition de ces matériaux sur le mur.

On emploie aussi le mot appareil pour désigner l'épaisseur des bancs de carrière de pierre : une pierre est dite de *haut appareil* quand elle provient d'un banc épais de 0 m. 60 et au-dessus. Elle est dite de *bas appareil* quand elle provient d'un banc peu épais ; le *moellon* est une pierre de *bas appareil*.

Les pierres sont appréciées selon leur degré de dureté et de résistance à l'écrasement mais aussi selon la finesse de leur grain, leur beauté après la taille et leur résistance aux agents atmosphériques, air, eau et froid.

On éprouve la dureté des pierres et leur résistance à la charge en écrasant dans des machines d'essai des cubes de ces pierres ; le Conservatoire National des Arts et Métiers de Paris possède une installation spécialement perfectionnée pour ce genre d'essais.

Les granits, porphyres et silex résistent indéfiniment aux agents atmosphériques ; certaines pierres calcaires sont sujettes de ce fait à une destruction plus ou moins rapide.

Classification des terrains et roches.

1er groupe : Formation contemporaine. — Terrains d'alluvion qui remplissent les vallées des fleuves.

Volcans modernes éteints et brûlants. Les grands volcans des Andes ont été soulevés pendant cette période.

Terrain tertiaire.

2e groupe : Terrain tertiaire supérieur. — Couches de sable et alluvion anciennes, tuf à ossements fossiles. Les éruptions de trachytes et de basalte correspondent en grande partie à cette époque.

3e groupe : Terrain tertiaire moyen. — Calcaire d'eau douce avec meulières ; contient souvent des lignites.
Grès de Fontainebleau.

4e groupe : Terrain tertiaire inférieur. — Marne avec gypse, ossements de mammifères.
Calcaire grossier.
Argile plastique avec lignites.

Terrain secondaire.

5e groupe : Terrain crétacé supérieur. — Assise calcaire puissante, appelée craie, avec interposition de couches de silex.

6e groupe : Terrain crétacé inférieur. — Grès tuffeau de la Touraine.
Grès ordinairement verdâtre, ce qui lui fait donner le nom de grès vert.
Sables ferrugineux.

7e groupe : Terrain jurassique. — Couches calcaires, plus ou moins compactes et marneuses, alternant avec des couches d'argile. On les divise en plusieurs étages. Les étages supérieurs portent le nom de calcaire oolithique. L'étage inférieur est appelé lias.

8e groupe : Terrain de trias. — Marne de couleurs variées, qu'on appelle marnes irisées, renfermant souvent des amas de gypse ou de sel gemme.

Calcaire très coquillier auquel on donne le nom de muschelkalk.

Grès de couleurs variées, appelé grès bigarré.

9e groupe : Terrain du grès des Vosges. — Poudingues et grès.

10e groupe : Terrain pénéen. — Assise de calcaire mêlée de schiste que l'on appelle zechstein.

Assise de poudingues et de grès appelé nouveau grès rouge.

Terrain de transition.

11e groupe : Terrain carbonifère. — Grès, schistes avec couches de houille et de fer carbonaté.

Calcaire carbonifère ou calcaire bleu, avec couche de houille.

12e groupe : Terrain dévonien. — Couches puissantes de grès, appelé vieux grès rouge, renfermant des couches d'anthracites.

13e groupe : Terrain silurien. — Calcaire, schiste ardoisier, grès à gros grains appelé grauwacke.

14e groupe : Terrain cambrien. — Calcaire compact, schiste argileux, les roches ont souvent une texture cristalline.

Terrain primitif.

15e groupe : Roches primitives. — Granits et gneiss formant la base principale de la partie intérieure du globe accessible à nos moyens d'observation.

Les pierres employées dans la construction, se classent d'après l'ancienneté de leur formation géologique en granits, porphyres, trachytes, basaltes et laves, grès, silex, cailloux et poudingues, meulière et enfin pierres calcaires dures et tendres. (Voir le tableau ci-après).

Granits, porphyres, basaltes et *laves.* — Ce sont des roches formées de mica, de feldspath et de quartz en proportions diverses ; elles sont très dures et difficiles à tailler, mais elles résistent indéfiniment aux influences atmosphériques et sont susceptibles de recevoir un beau poli ; on les emploie selon leur beauté et leur finesse pour socles et soubassements, ornementation, pavés, dalles, bordures de trottoir, seuils, bordures de quais, etc.

Dans les pays montagneux où ces roches sont abondantes on s'en sert comme moellons et aussi pour l'empierrement des routes, la charge d'écrasement atteint jusqu'à 1.800 kilos par centimètre carré.

On les trouve spécialement dans la Haute-Saône, les Vosges, les Alpes et les Pyrénées, en Bretagne et dans le Plateau Central ; le poids du mètre cube de ces matériaux varie de 2.600 à 2.900 kilos.

Grès. — Les grès sont caractérisés par leur texture

grenue et uniforme ; ils sont en effet formés de petits grains de sable quartzeux ou siliceux agglomérés par une sorte de ciment naturel.

Les grès ne sont employés comme pierre à bâtir que dans les contrées où ils sont très abondants ; ils font des bâtisses de couleur sombre et désagréable et donnent des murs humides, aussi ne les emploie-t-on généralement que pour le pavage, les seuils, les bordures de quais ou trottoirs et pour des constructions dans lesquelles on ne redoute pas l'humidité : murs de clôture ou de soutènement, etc.

Les ouvriers carriers distinguent trois sortes de grès : le grisard ou *grès pif* qui est très dur, le *grès paf* dont la taille est facile et le *grès pouf* que le choc du marteau réduit en poudre fine ou *sablon*.

On trouve des grès dans les Vosges et les Pyrénées, dans l'Auvergne, la Bretagne et la Normandie.

Tout autour de Paris les grès sont en abondance, mais la principale origine en est Fontainebleau où l'exploitation se fait en grand ; on y rencontre deux sortes de grès : la *roche dure* et la *roche franche* qui fournissent des pavés pour les rues et les cours et écuries. Poids du mètre cube de grès : 2.100 kilos environ ; charge d'écrasement : 200 à 600 kilos par centimètre carré.

Silex, cailloux et poudingues. — Ces matériaux sont constitués par du quartz entier ou aggloméré par un ciment naturel.

Les gros cailloux, les blocs de silex et de poudingues sont employés pour les maçonneries très ordinaires, murs de clôture, murs de fermes et de bâtiments d'exploitation.

Les cailloux sont surtout employés à la préparation du béton, on les passe au crible pour les classer par tailles et on les lave s'ils sont mêlés de matières terreuses.

Les cailloux pour béton valent de 7 à 8 francs le mètre cube et le *gravillon* lavé, réservé pour les petits travaux en béton, atteint jusqu'à 16 et 18 francs le mètre cube.

La densité du silex est d'environ 2,700 et le poids du mètre cube de cailloux varie de 1.500 à 1.800 kilos selon la grosseur des cailloux.

Le silex se reconnaît facilement à sa cassure nette et brillante ; il produit des étincelles sous le choc de l'acier, d'où son nom de *pierre à feu*.

Schistes. — Ils sont employés sur place comme moellons, mais servent surtout à la confection des ardoises pour couverture et usages divers.

Pierres meulières. — Les meulières sont d'excellents matériaux de construction, non seulement à cause de leur dureté et de leur résistance à l'écrasement, mais aussi parce qu'elles sont légères et que les nombreuses cavités qu'elles présentent se lient bien avec le mortier auquel elles adhèrent d'une façon parfaite. Ces pierres employées en grande quantité dans la construction parisienne forment des murs d'une grande solidité, insonores et protecteurs de la chaleur et du froid ; le poids du mètre cube est de 1.200 à 1.500 kilos.

La *meulière* est formée de débris de quartz et de calcaire agglomérés par un ciment calcaire naturel. On rencontre des bancs de meulière de différentes duretés : la meulière dans laquelle les blocs de silex prédominent, de couleur grise, est appelée *caillasse*, sa taille est difficile ; mais la bonne meulière de couleur jaune d'ocre, à texture régulière, se taille facilement en smillé ou piqué et se prête à la décoration des parements de murs en moellons de meulière jointoyés ou rocaillés.

La meulière en gros blocs est employée dans les fondations, les travaux sous l'eau, les murs mitoyens, les soubassements, les murs de façade et dans les travaux publics de toutes sortes ; concassée, elle forme avec le ciment un excellent béton. Quand la meulière est terreuse, elle doit être lavée avant l'emploi en maçonnerie.

On trouve la meulière tout autour de Paris dans les vallées de la Seine et de la Marne, sur une longueur de 80 kilomètres environ entre Brunoy et Mantes, Versailles et La Ferté-sous-Jouarre.

Pierres calcaires. — On reconnaît facilement une pierre calcaire à ce qu'elle produit une vive effervescence ou dégagement de gaz quand on verse un acide à sa surface.

Les pierres calcaires dures sont rayées par l'acier, les plus tendres sont rayées par l'ongle ; les pierres dures sont susceptibles d'un beau poli, ce sont celles des séries 1, 2 et 3. Les pierres calcaires ne donnent pas d'étincelles quand on les frappe avec de l'acier.

On débite les pierres calcaires dures avec la scie sans dents que l'on arrose constamment avec du grès réduit en poudre fine et délayé dans l'eau ; on les taille au burin ou ciseau. Les pierres tendres peuvent être refendues avec la scie à dents et taillées avec la hachette. Ces pierres durcissent rapidement au contact de l'air et, après qu'elles ont perdu leur eau de carrière, elle résistent bien à la gelée. On les emploie de préférence dans la construction des étages au-dessus du rez-de-chaussée car elles se sculptent facilement.

Une bonne pierre calcaire doit être *pleine*, c'est-à-dire sans fentes ni trous remplis de matières terreuses. Elle ne doit pas être graveleuse ni sujette à s'égrener sous l'influence de l'humidité, ni présenter de fissures qui sont susceptibles de faire éclater la pierre. On reconnaît qu'une pierre est saine quand elle rend un son clair et cristallin lorsqu'on la frappe avec un marteau ; les pierres fendues intérieurement donnent au contraire un son caractérisant leurs défauts.

Enfin la pierre doit pouvoir résister à la gelée, c'est-à-dire n'être pas gélive.

Gélivité. — Toutes les pierres calcaires sans exception, même celles qui, dans la pratique, sont désignées comme non gélives, sont susceptibles de geler dans certaines conditions. En général, il est préférable de n'employer la pierre que lorsqu'elle a perdu son eau de carrière ; pourtant, cette condition étant remplie, il peut arriver qu'une pierre imprégnée d'eau à nouveau, par suite de pluies continues ou d'humidité persistante, exposée à un froid rigoureux, éclate par suite de gelée. Tout entrepreneur prudent doit donc prendre la précaution pendant l'hiver, d'isoler du sol, à l'aide de moellons ou de tasseaux, et de recouvrir de paille ou de bâches, la pierre restant dans ses chantiers, et d'abriter pareillement les assises posées d'une construction interrompue par suite de la rigueur de la température. Ni l'inspection de la texture, ni l'analyse chimique ne peuvent faire prévoir quelles sont celles qui sont dans ce cas. On se contentait autrefois d'essayer quelques blocs de la carrière ou du banc nouvellement exploités en les laissant exposés à l'air pendant plusieurs hivers ; méthode longue et peu concluante. De nos jours, on emploie, pour résoudre cette question, un procédé très expéditif, dans lequel on substitue la force d'expansion due à la cristallisation d'un sel à celle qui résulte de la congélation de l'eau. On trempe, pendant une demi-heure, un cube d'essai de 4 à 5 centimètres de côté, dans une solution de sulfate de soude saturée et bouillante. On retire l'échantillon et on l'expose à l'air pour que l'eau s'évapore. Le sel cristallise, et on reconnaît que la pierre n'est pas *gélive*, s'il ne s'en est détaché aucun fragment au bout de quelques jours ; dans le cas contraire, on peut juger de son degré de gélivité par la quantité de détritus formés. Notons ici que quelques pierres, gélives au sortir de la carrière, ne le sont plus lorsque, ayant été exposées quelque temps à l'air, elles ont perdu leur eau de carrière.

Mode d'emploi des pierres calcaires. — Quand les pierres sont extraites de la carrière, on les laisse à l'air pendant plusieurs mois, quelquefois un an et plus, pour qu'elles durcissent et perdent leur *eau de carrière*. Souvent elles sont taillées aux abords de la carrière aux dimensions qu'elles doivent avoir et arrivent au chantier prêtes à poser sur le mur.

Autant que possible, il faut que la pierre soit placée sur le mur dans la position qu'elle occupait dans la carrière, c'est-à-dire avec les *lits de stratification* horizontaux ; le *lit en dessus* qui est le plus tendre se place en haut et le *lit en dessous* qui est le plus dur se place en bas. Quand la pierre doit résister à une pression latérale, comme par exemple dans la construction des voûtes, on doit placer les lits de carrière dans le sens de la pression qui comprime ainsi la pierre comme elle l'était en carrière.

Quand une pierre est *délitée* ou posée en *délit*, elle ne tarde pas à se fendiller et à tomber par lamelles; ceci se produit d'autant plus rapidement que la pierre est plus tendre.

Nous donnons ci-après une classification des pierres calcaires selon leur degré de dureté et d'après les numéros de série de la ville de Paris. Les poids indiqués sont ceux du mètre cube et la charge d'écrasement par centimètre carré; les prix varient selon la grandeur des blocs et selon la beauté des pierres, ils sont indiqués approximativement par mètre cube.

Une grande partie des renseignements qui suivent nous ont été communiqués par MM. Civet-Pommier et Cie à Paris et par MM. Fèvre et Cie, à Paris.

Série n° 1 : Roches très dures.

Poids : 2800 à 2900 kilos. Écrasement : 1000 à 1200 kilos.
Emplois : soubassements, socles, marches et seuils, dallages, éviers, balcons, bandeaux, rampes, grands travaux publics.
Prix : 200 à 300 francs le mètre cube. Prix de taille 18 fr. 30.
Liais de Corgoloin (Côte-d'Or).
Roche d'Hauteville (Ain).
Roche de Villebois (Ain).
Liais de Villars.

Série n° 2 : Roches très dures.

Poids : 2700 à 2800 kilos. Écrasement : 1000 à 1100 kilos.
Mêmes emplois que la série n° 1.
Prix : 160 à 225 francs le mètre cube. Prix de taille, 15 fr. 85.
Roche-d'Ancy-le-Franc (Yonne).
Roche de Comblanchien (Côte-d'Or).
Pierres de Château-Landon.
—   de Souppes.
—   de Saint-Ylie (Jura).
Liais de Grimault.
Roche de Villars (Côte-d'Or).
Pouillenay rose (Côte-d'Or).
Liais des Brousses (Yonne).

Série n° 3 : Roches très dures.

Poids : 2500 à 2700 kilos. Ecrasement : 400 à 700 kilos.

Emplois : ponts, écluses, viaducs, soubassements, socles, colonnes, portes et piles au-dessus du socle, rez-de-chaussée, escaliers et balcons.

Prix : 130 à 180 francs le mètre cube. Prix de taille : 12 fr. 85.
Roche de Vilhonneur (Charente).
— des Abrets (Yonne).
— de Massangis (Yonne).
Pouillenay jaune.
Larrys de Cry et de Ravières (Yonne).
Echaillon blanc (Isère) (300 francs le mètre cube).
Roche d'Aumont.
Liais de Violaine.
— de Longpont.
— de Courville.
Roche de Tessancourt.
— d'Artheuil.
— de Damply.
— de Villiers-la-Fosse.
Liais de Clamart, dit Cliquart.
Roche de la Celle-Bruère.
— de Vaurion (Yonne).
Liais dur de Méreuil (Yonne).

Série n° 4 : Roches dures.

Poids : 2500 à 2600 kilos. Ecrasement : 300 à 650 kilos.

Emplois : façades, piles intérieures, balcons, rez-de-chaussée, colonnades, appuis et balustrades.

Prix : 110 à 160 francs le mètre cube. Prix de taille : 10 fr. 90.
Roche grise de Chassignelles (Yonne).
Liais de Larrys (Yonne).
— de Méreuil (Yonne).
— de Massangis.
Roche dure de Bagneux.
Roche de Longpont (Aisne).
Liais de Lignerolles.
Roche de Saint-Quentin (Aisne).
— de Saint-Maximin (Oise).

Roche de Coulmiers.
— de Savoisy.
— d'Antilly.
— de Poissy (Seine-et-Oise).
Larrys du Bief (Yonne).

Série n° 5 : Roches demi-dures.

Poids : 2500 à 2700 kilos. Écrasement : 150 à 350 kilos.
Emplois : piles de ponts et viaducs, façades, monuments publics, fontaines, soubassements, églises, etc.
Prix : 100 à 150 francs le mètre cube.
Roche d'Euville (Meuse).
— des Brousses (Yonne).
— de Chauvigny (Vienne).
Liais de Carrières Saint-Denis (Seine).
— de Poissy (Seine-et-Oise).
Roche de l'Isle-Adam (Seine-et-Oise).
— de Châtillon, Bagneux et Clamart.
— de Vitry (Seine).
Liais de Morley (Meuse).
— de Reffroy (Meuse).
— de Saint-Joire (Meuse).
Roche de Saint-Maximin (Oise).
— blanche de Chassignelles (Yonne).
— de Ravières (Yonne).
— de Lérouville (Meuse).

Série n° 6 :

Roches douces, bancs francs et pierres de Banc Royal dur.

Poids : 2100 à 2500 kilos. Écrasement : 150 à 300 kilos.
Emplois : façades et décorations intérieures des maisons et monuments publics ; travaux publics, ponts et viaducs.
Prix : 90 à 140 francs le mètre cube. Prix de taille : 7 fr. 90.
Roche de Charentenay (Yonne).
— Courville (Marne).
— La Ferté-Milon (Aisne).
— Lavoux (Vienne).
— Lérouville (Meuse).
— Mézangère (Meuse).
— Ravières (Yonne).

Roche Saint-Maximin (Oise).
— Tercé (Vienne).
Banc franc d'Ivry (Seine).
— de Vitry (Seine).
— de Clamart (Seine).
— de Chatillon (Seine).
— de Bagneux (Seine).
— de Marly-la-Ville (Seine-et-Oise).
— de Mériel (Seine-et-Oise).
Banc Royal de Clamart et Chatillon-s-Bagneux.
— de Vitry (Seine).

Série n° 7 : Pierres de Banc Royal.

Poids : 2200 kilos environ. Ecrasement : 100 à 140 kilos.
Emplois : façades, décorations intérieures, églises, monuments publics, corniches.
Prix : 70 à 100 francs le mètre cube. Prix de taille : 4 fr. 95.
Banc franc de Brauvilliers (Meuse).
— de Méry (Seine-et-Oise).
— de Palotte (Yonne).
— de Savonnières (Meuse).
— de Villiers-Adam (Seine-et-Oise).
— de Château-Gaillard (Vienne).
Roche douce de la Ferté-Milon (Aisne).
— de Saint-Maximin (Oise).
Banc Royal de Morley (Meuse).

Série n° 8 : Pierres de Banc Royal tendre.

Poids : 2000 à 2100 kilos. Ecrasement : 120 kilos.
Emplois : façades et murs intérieurs.
Prix : 60 à 70 francs le mètre cube. Prix de taille : 3 fr. 25
Banc Royal de Laigneville (Oise.)
— Méry (Seine-et-Oise).
— Palotte (Yonne).
— Parmains (Seine-et-Oise).
— Rousseloy (Oise).
— Saint-Leu (Oise).
— Saint-Maximin (Oise).
— Saint-Vaast (Oise).

Banc royal de Vassens et Vierzy (Aisne).
—   Nersac (Charente).
—   Saint-Même (Charente).

Série n° 9 : Vergelés tendres.

Poids : 2000 kilos. Écrasement : 70 à 80 kilos.
Emplois : façades et décorations intérieures.
Prix : 40 à 60 francs le mètre cube. Prix de taille : 2 fr. 50.
Vergelé de Rousseloy (Oise).
—   Saint-Leu (Oise).
—   Saint-Maximin (Oise).
—   Saint-Vaast (Oise).
—   Vierzy (Aisne).
—   Genainville.
—   Carrières Saint-Denis (Seine-et-Oise).
Pierre tendre de Laigneville (Oise).
Prix des moellons : de 9 à 12 francs le mètre cube.
Prix de la meulière : de 12 à 15 francs le mètre cube.

Ciment et mastic pour la réparation des pierres. —
Ciment métallique. — Nous croyons intéressant de
signaler l'emploi de ce produit très utile, pour dissimuler les défauts naturels de la pierre et réparer les
épaufrures presque inévitables dans les manutentions
qu'il lui faut subir; le ciment, d'une solidité égale à
celle de la pierre même, est composé comme suit :

1° D'une poudre qui est un mélange de deux parties en poids d'oxyde de zinc dit « gris de pierre », de
deux parties de calcaire très dur et passé au tamis
d'une perce de 0 m. 0015, et d'une partie de grès
écrasé. Cette poudre peut être teintée au moyen d'ocre
jaune ou rouge, de noir de charbon, etc., mais alors le
poids de la matière colorante doit venir en déduction
de celui du grès ; ce mélange doit être fait au moyen
d'un tamisage ;

2° D'une liqueur à gâcher composée de trois parties

en volume de chlorure de zinc marquant 50° Baumé et de deux parties d'eau.

La pâte doit être gâchée serré et par petites quantités, les surfaces de pierre à enduire doivent être bien lavées à l'eau ; il faut ensuite laisser sécher et humecter avec la liqueur à gâcher au moment de l'application.

Le ciment métallique, qui prend assez vite et acquiert la dureté du marbre, a la propriété d'adhérer fortement à la pierre sans avoir l'inconvénient de la tacher. On le trouve dans le commerce, ainsi que l'eau destinée au gâchage.

Mastic Dihl. — Très employé dans les travaux de marbrerie, il a la propriété de boucher les pores de la pierre et de donner à celle-ci une surface unie se rapprochant du poli. Imperméable, il acquiert promptement une grande dureté. Il est formé de neuf parties en poids de brique pilée ou d'argile bien cuite et une partie de litharge (oxyde de plomb). On le gâche à l'huile de lin ou à l'huile de noix. Dans cette opération, il faut environ 25 litres d'huile pour 100 kilogrammes de mastic, afin d'obtenir une pâte molle. Pour l'employer, il faut avoir soin d'enduire d'abord, avec une huile grasse, les surfaces à mastiquer, afin d'empêcher l'huile de lin, qui est en combinaison dans le mastic, d'être absorbée par les parois de la pierre.

(D'après MM. Civet-Pommier et Cie, à Paris.)

Briques et agglomérés divers.

Briques crues. — Les briques crues ne s'emploient généralement que dans les pays chauds où le soleil peut les durcir beaucoup et où la pluie, qui les détrem-

perait, est extrêmement rare. On trouve encore en
Egypte et en Asie des constructions en briques crues
qui datent d'une époque bien antérieure à l'ère vul-
gaire et l'on attribue la disparition presque complète
des villes antiques de Ninive et de Babylone, à ce que
les habitations privées y étaient construites en briques
crues, que les intempéries de l'air ont réduites en
poussière quand elles ont cessé d'être entretenues.

En France, malgré l'humidité du climat, il y a
quelques localités où l'usage de la brique crue est très
répandu. Dans les faubourgs de Reims, il y a des
maisons à plusieurs étages entièrement construites
avec ces briques qui ont d'assez grandes dimensions :
0 m. 30 sur 0 m. 14, sur 0 m. 07 ou 0 m. 08. Elles sont
faites avec la boue des routes voisines qui est composée
d'argile, de calcaire et de silex écrasé, moulées comme
les autres dans des moules bien réguliers et séchées à
l'air et au soleil jusqu'à dessiccation complète, sans
quoi la gelée, en faisant gonfler l'eau qu'elles pourraient contenir encore, les détruirait. On comprend,
d'après cela, qu'une fois mises en œuvre, il faut les
préserver de l'humidité, aussi, on fait les fondations
en chaux et moellons, les toits très saillants et on
couvre les murs de nombreuses couches de badigeon
au lait de chaux, qui forment un enduit imperméable.

Quelquefois on les recouvre d'un enduit d'argile,
de chaux et de bourre des tanneurs qui vaut mieux
qu'un simple badigeon, mais le meilleur préservatif
serait encore une peinture avec une bouillie claire
de bon ciment hydraulique.

Briques cuites. — La brique cuite est un parallé-
lipipède rectangle en terre argileuse ou en composition de matériaux divers durcis par la cuisson au
four ; on lui donne ordinairement en France, 0 m. 22

de longueur, sur 0 m. 11 de largeur et 0 m. 055
d'épaisseur : les deux premières dimensions, étant
des multiples de la dernière, facilitent l'emploi de
ces matériaux.

Les qualités que l'on doit rechercher dans la
brique sont :

1° L'homogénéité, c'est-à-dire l'absence de fissures
et de défauts, une cuisson et une texture égales, un
grain fin et une cassure brillante ;

2° La dureté, c'est-à-dire la résistance à la fente
et à l'écrasement ;

3° La régularité de formes, qui comprend un
extérieur uni, lisse, à vives arêtes, non déjeté, de
telle sorte que les joints soient de même épaisseur
et le tassement de la construction uniforme ;

4° La facilité de la taille, pour que l'ouvrier puisse
la couper selon les besoins du travail.

Ces qualités dépendent de la fabrication qui se
divise en quatre opérations distinctes : la préparation de la terre, le moulage, le séchage et la
cuisson.

Tout d'abord, l'argile commune choisie pour la
composition des briques, ne doit être ni trop grasse,
ni trop maigre ; dans le premier cas, les produits se
gauchissent, se déforment et se fendillent au séchage
ou à la cuisson ; dans le second cas, les briques
façonnées, se vitrifieraient ou fondraient au feu et
n'offriraient pas une résistance suffisante.

Pour reconnaître si une terre convient à la fabrication des briques, il faut en faire quelques-unes
avec cette terre et les cuire soit dans un petit fourneau
fait exprès, soit sur un four à chaux, puis constater
les qualités ou les défauts que présentent ces briques.
On peut *a priori* rejeter certaines terres ; ainsi quand
on y rencontre des éclats de craie, d'autres pierres

calcaires ou de silex, il faut renoncer à les employer,
parce que les morceaux de calcaire forment de la
chaux pendant la cuisson et que cette chaux en
s'éteignant plus tard, par suite de l'absorption de
l'humidité de l'air ou de la maçonnerie, occasionne
la rupture de ces briques ; et parce que les morceaux
de silex éclatent au feu et produisent leur rupture ou
leur déformation.

On dégraisse l'argile trop plastique avec du sable
fin ou des matières calcaires ; les pâtes trop maigres
exigent l'addition d'une certaine quantité de chaux
ou de marne, rarement d'argile plastique. Les
cendres de houille, ajoutées à la masse, avec une
certaine portion de calcaire, contribuent au dégrais-
sement et régularisent la cuisson, comme agents con-
ducteurs de la chaleur. Les briques ainsi obtenues
ont éprouvé un commencement de vitrification ;
elles sont noirâtres, compactes, sonores et résistent
parfaitement à l'air et à la pluie.

Dans le choix de l'argile, on doit, en outre, rejeter
les terres contenant des corps étrangers, tels que
morceaux de calcaire et de silex ou pyrites de fer en
grande quantité.

L'extraction de l'argile se fait généralement en
automne, et on la laisse exposée à l'action des agents
atmosphériques, en la remuant de temps à autre,
pendant tout l'hiver, c'est le pourrissage de la terre ;
ensuite, on détrempe cette terre et on la pétrit. Cette
opération se fait dans une fosse en maçonnerie, où
l'on jette de l'eau pour faire une pâte assez ferme,
tandis qu'un ouvrier muni d'une bêche, piétine
cette pâte et la recoupe, en ayant soin d'enlever
les cailloux et les matières étrangères ; c'est ce
qu'on appelle maicher la terre. On ajoute alors, à
l'argile corroyée, les quantités de sable ou de cal-

caire nécessaires pour la dégraisser ou pour la rendre moins maigre. Quelquefois, le pétrissage se fait à la mécanique, soit à l'aide de cylindres unis ou cannelés entre lesquels on fait passer la matière, soit avec des tinnes ou tonneaux corroyeurs, analogues à ceux que l'on emploie pour la fabrication du mortier.

Quand le corroyage est achevé, on procède au moulage. Les moules employés sont des cadres sans fond, en bois ou en métal, un peu plus grands que la dimension prévue pour la brique, parce que celle-ci éprouve un retrait à la cuisson. L'ouvrier mouleur pose ce cadre sur une table saupoudrée de sable, le remplit d'argile et enlève l'excédent avec la main et avec un couteau de bois nommé plane. Souvent le moule est double et l'on peut fabriquer deux briques à la fois.

Dans quelques grands centres de production on remplace le moulage à la main par le moulage mécanique, c'est-à-dire à l'aide de machines qui effectuent le mélange, le pétrissage et le moulage de la terre.

Les briques moulées doivent être soumises à une dessiccation lente. Pour cela on les pose sur une aire sablée, d'abord à plat, puis de champ ; quand elles ont pris assez de consistance, on les pare, c'est-à-dire qu'on enlève les bavures du moule avec un couteau, et on les dresse en les battant sur toutes les faces avec une batte. Quelquefois on expulse l'eau par compression mécanique, en plaçant la brique dans un moule en fonte et en la frappant d'un coup de balancier ; ce procédé est expéditif, mais coûteux. Enfin on opère le mettage en haie, c'est-à-dire qu'on place les produits moulés, parés et rebattus, les uns sur les autres de manière à en former une

espèce de muraille à claire-voie, pour qu'ils finissent
de se sécher entièrement.

La cuisson de la brique se fait, soit en plein air,
soit dans des fours. Le premier procédé est dit à la
volée ou en meules ; il consiste à placer les briques
de champ, en tas rectangulaire, sur un sol dressé ; on
dispose les premières assises de façon à ménager,
à la base, des canaux dans lesquels on alterne les
assises de briques avec des couches de houille menue ;
les lits successifs communiquent entre eux par des
conduits verticaux qui permettent à la fumée de
s'échapper ; enfin, on entoure la masse avec de

Fig. 1. — Four à briques.

l'argile détrempée pour éviter l'action de l'air, du
vent ou de la pluie. Le feu dure plusieurs jours,
ainsi que le refroidissement.

Comme combustible, la tourbe est préférable à
la houille qui donne une chaleur trop violente.

La cuisson dans les fours se fait au bois, à la
tourbe ou à la houille. Les fours sont carrés ou rectangulaires, formés de murs épais en briques, et

pourvus à leur partie inférieure de petites voûtes à claire-voie qui se prolongent dans toute l'étendue du four et supportent les briques placées de champ.

Tantôt la masse est à découvert, tantôt le four est surmonté d'une voûte cylindrique percée d'ouvertures servant au tirage et donnant issue à la fumée.

Dans les fours à houille, les foyers sont à grille et placés d'un même côté dans l'épaisseur des parois. Des voûtes à claire-voie distribuent la chaleur dans toute l'étendue du four.

Il faut environ brûler 250 kilos de houille ou 1.000 kilos de bois ou de tourbe par mille de briques.

Dans les cas ordinaires, la cuisson demande dix à douze jours et le refroidissement cinq ou six. On arrête le feu au moment où la vitrification se manifeste, parce que la plupart des argiles se fondent à une température qui n'est pas trop élevée. Cependant, quelques-unes sont infusibles et sont dites réfractaires, on les emploie à la construction des fourneaux.

On peut fabriquer des briques réfractaires en ajoutant à certaines argiles dégraissées, un ou deux volumes de ciment de terre réfractaire, broyé finement.

En raison de l'inégalité de cuisson qui est inévitable dans les divers procédés employés et décrits ci-dessus, les briques présentent différentes qualités.

On reconnaît qu'elles sont bonnes quand elles sont d'un rouge brun foncé et présentant quelquefois, à la surface, des parties vitrifiées qui rendent un son clair, lorsqu'on les frappe, et font feu sous le briquet.

Les briques de mauvaise qualité donnent, au choc,

un son sourd, ont une teinte jaune rougeâtre, s'émiet-
tent sous les doigts et absorbent avidement l'eau ;
cette absorption ne doit pas dépasser un cinquième
du poids. On doit s'assurer que ces pierres factices
ne sont pas gélives.

Quand elles contiennent du carbonate de chaux,
on peut les silicatiser, comme les calcaires.

La résistance de ces matériaux à la rupture par
compression varie, par centimètre carré de surface,
entre 32 kilogrammes pour la brique crue, et 150 kilogrammes pour la brique dure très cuite.

Au point de vue de la forme, des dimensions et
des provenances, on divise les briques en plusieurs
catégories.

Les briques pleines employées à Paris peuvent se
ranger en trois catégories : 1° la brique de Bourgogne
mesurant 0 m. 22 × 0 m. 11 × 0 m. 054, qui se fait
en trois qualités différentes, rouge, grise ou brune.
2° la brique façon Bourgogne (dite de Vaugirard,
de Pantin, des Buttes-Chaumont, d'Aubervilliers,
de Passy), mesurant 0 m. 22 × 0 m. 11 et de 0 m. 06
à 0 m. 07 ; 3° les briques en même dimension, en
terre estampée mais non moulée et non broyée,
ayant 0 m. 21 × 0 m. 10 et 0 m. 058 d'épaisseur. Ces
trois catégories se subdivisent réellement en six
classes suivant la qualité de leur fabrication. Les
briques creuses ou tubulaires ont de 0 m. 22 à 0 m. 30
sur 0 m. 11 à 0 m. 16 de large et 0 m. 04
à 0 m. 08 de haut.

Les briques réfractaires servent pour les appareils
de chauffage, les fours d'affinage ou de fusion des
métaux, la confection des hauts-fourneaux, elles
sont faites avec des argiles exemptes de calcaires et
autres impuretés.

BRIQUES MOULURÉES

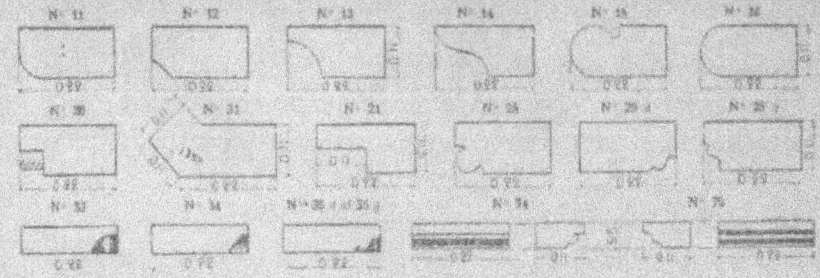

Retour d'Angles pour Briques moulurées

BRIQUES CREUSES

Application des Briques n°ˢ 4 et 24

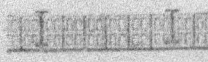

Application des Briques n°ˢ 3 et 9

BRIQUES CINTRÉES, BRIQUES A COINS ET COUTEAUX
POUR TOURELLES, CHEMINÉES D'USINES, OUVERTURES DIVERSES, ETC.

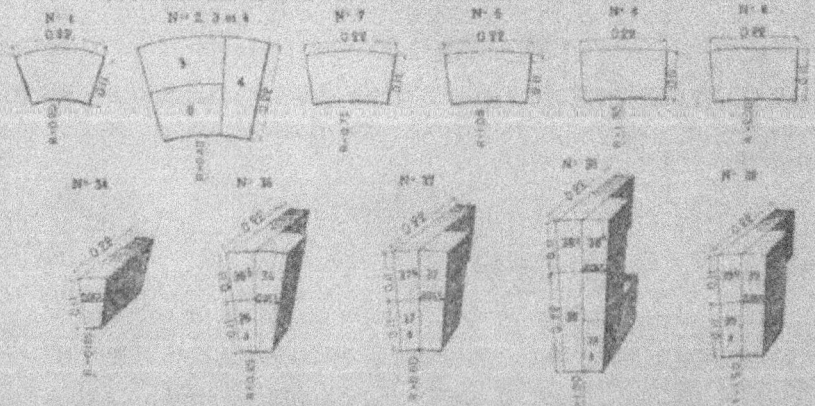

Fig. 2, 3, 4.—Poteries de bâtiment (Tuileries de Bourgogne et de Montchanin).

Les briques Gourlier sont destinées à former des tuyaux de fumée dans les murs ; elles affectent différentes formes, suivant la place qu'elles occupent dans le mur et le tuyau de fumée. Les briques carrées sont destinées à se raccorder avec les précédentes pour se liaisonner avec les murs de briques ; elles mesurent 0 m. 22 × 0 m. 075 × 0 m. 09. On fabrique aussi des briques spéciales pour les voûtes, des demi-briques et des briques plates pour raccordements des briques ordinaires.

La fabrication des carreaux, des tuiles et des poteries est analogue à celle des briques ; nous en reparlerons à propos du carrelage et de la toiture.

Les briques creuses, les tuyaux, tuiles, etc., sont obtenus par moulage mécanique au moyen de puissantes machines spéciales.

Les briques pleines ordinaires coûtent de 20 à 80 francs le mille selon leur beauté et leur qualité, il faut environ 635 briques genre Bourgogne pour faire un mètre cube de maçonnerie qui pèse 1600 à 1800 kilos hourdé de mortier. Le poids d'une brique varie selon sa compacité et sa porosité de 2 à 3 kilos ; la résistance à l'écrasement des briques pleines varie de 80 à 250 kilos par centimètre carré ; certaines briques communes dites briques de pays s'écrasent sous 40 kilos par centimètre carré.

Briques de laitier. — On utilise les *laitiers*, qui s'écoulent des hauts-fourneaux où se fabrique la fonte de fer, pour faire d'excellentes briques de couleur blanche imitant la pierre, mais qui peuvent être colorées par l'addition d'ocres ou de noir en poudre.

Pour fabriquer ces briques, on éteint dans l'eau le laitier fondu qui sort du haut-fourneau. On recueille le gravier et la poudre de laitier qui se déposent dans l'eau et on ajoute 25 à 30 0/0 de chaux hydraulique éteinte. Ce mélange légèrement humide est comprimé fortement dans des moules métalliques ; les briques desséchées à l'air acquièrent, au bout de trois mois, une résistance à l'écrasement de 350 kilos par centimètre carré.

Elles sont plus légères que les briques de terre.

Briques de ciment. — Ces briques sont faites avec du mortier de ciment portland comprimé mécaniquement dans des presses spéciales. Ces briques se fabri-

Fig. 5. — Machine à faire les briques de ciment.

quent à pied-d'œuvre ; le mortier est fait de 6 à 8 parties de sable grossier mêlé de petits graviers, *mais non terreux*, et d'une partie de bon ciment portland ; il est très légèrement humecté ; au sortir des moules, les briques sont très fragiles, mais après

24 heures, on peut les empiler et on doit les arroser tous les jours avec de l'eau pendant un mois, ce qui les fait durcir ; après ce laps de temps, on peut les employer à la construction ; leur résistance dépasse celle des meilleures briques de terre cuite.

Une machine à main à fabriquer les briques de ciment peut donner 2.000 à 2.500 briques de $22 \times 11 \times 5,5$ par jour. Celle que représente notre gravure permet de faire des briques et des moellons jusqu'à 25 cm. $\times$ 50 cm. $\times$ 30 et d'obtenir des ornements et sculptures par simple addition de plaques spéciales dans le moule de la machine.

Ces machines rendent de grands services partout où la pierre est rare ; les produits qu'elles fabriquent ne reviennent pas plus cher que la bonne brique de terre.

Briques et carreaux de liège. — Fabriqués avec des rognures et déchets de liège pulvérisé et agglomérés par du ciment ou autre produit, ces matériaux servent à la construction des murs, cloisons, voûtes et planchers isolants. Les briques de liège, $22 \times 11 \times 5,5$, pèsent 360 à 390 grammes l'une, elles résistent à 15 kilos par centimètre carré à l'écrasement et coûtent 120 francs le mille. Leur emploi est indiqué comme isolant ainsi que comme protection contre la chaleur et le froid.

Poteries de bâtiment. — Ce sont les pièces de terre cuite que l'on emploie dans l'intérieur des murs pour conduire la fumée, les eaux ou l'air destiné à ventiler les appartements.

Les *boisseaux*, ronds, carrés ou ovales, droits ou coudés, se placent dans l'épaisseur du mur ou contre la paroi du mur où on les retient à l'aide d'armatures

BRIQUES A PLANCHERS

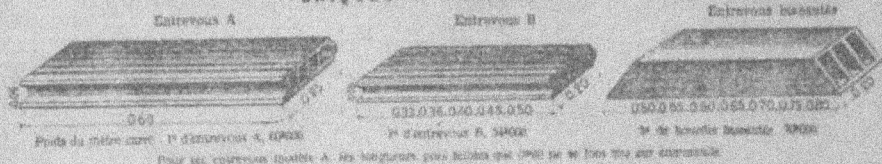

Fig. 6. — Tuyaux en poterie pour les eaux et la fumée.

Fig. 7.   Fig. 8.

Tuyaux simples et à emboîtement.

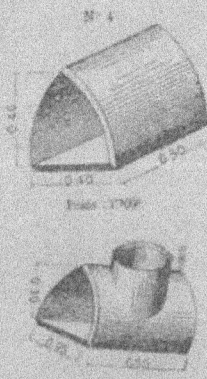

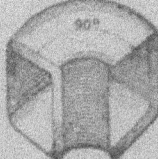

Fig. 9 — Aqueduc romain.   Fig. 10. — Boisseaux pour cheminées.

en fer, pour former les cheminées ; voici, d'après les usines de Montchanin-les-Mines, les dimensions des boisseaux :

Boisseaux ronds	longueur	diamètre intérieur	Poids
Nº 38	0 m. 50	0 m. 145	8 kilos
Nº 14	0 m. 50	0 m. 170	10 —
Nº 17	0 m. 50	0 m. 200	14 —
Nº 19	0 m. 50	0 m. 220	15,500
Nº 23	0 m. 50	0 m. 250	16 —

Boisseaux rectang.	longueur	dimensions	Poids
Nº 34	0 m. 50	$16^{m/m} \times 13^{m/m}$	9 kilos
Nº 2	0 m. 50	$23^{m/m} \times 15^{m/m}$	15 —
Nº 6	0 m. 50	$25^{m/m} \times 20^{m/m}$	16 —
Nº 27	0 m. 50	$30^{m/m} \times 25^{m/m}$	28 —
Nº 42	0 m. 50	$30^{m/m} \times 30^{m/m}$	30 —

Les boisseaux *genre Vaugirard* ont une longueur utile de 0 m. 330.

Les boisseaux s'emboîtent les uns dans les autres pour former joint ; au faîte de la cheminée, on place un *boisseau mitre* ou mitron, qui reçoit la tête de cheminée. (Voir le volume concernant la Fumisterie.)

Les tuyaux à emboîtement servent pour conduire les eaux ; ils se font en terre cuite ou en grès de 0 m. 05 à 0 m. 40 intérieur.

De même, les *aqueducs romains* de 0 m. 11 à 0 m. 40 intérieur.

Toutes ces poteries sont employées aussi pour la ventilation, nous en reparlerons dans les volumes *Eaux* et *Ventilation*.

Les *briques cintrées* creuses ou pleines sont fabriquées en toutes mesures pour les arcs, voûtes, puits, etc.

Les *hourdis* et *entrevous* servent pour garnir et assourdir les planchers, nous y reviendrons au volume spécial aux planchers.

Carreaux et moellons en plâtre. — Le *mâchefer*, résidu des foyers de machines à vapeur et les *vieux plâtras* agglomérés et pressés dans des moules en fer ou en bois, démontables, avec un peu de mortier de plâtre

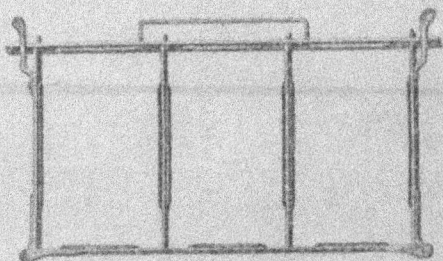

Fig. 11. — Moule à carreaux de plâtre.

gâché clair, permettent de faire des *carreaux de plâtre* pour cloisons et des *moellons artificiels*, pour constructions légères.

L'industrie des carreaux de plâtre a pris une extension considérable et ces matériaux sont généralement employés maintenant pour faire les cloisons séparatives dans les appartements ; on s'en sert aussi pour hourdir les planchers.

Ils valent 18 francs le cent avec les dimensions de 32 × 48 × 6 centimètres. Sur leurs quatre faces jointives, ils sont creusés légèrement pour recevoir le plâtre ; leurs parements sont striés pour retenir l'enduit. On les pose sur champ ; certains sont à emboîtement. On les fait aussi creux ou à trous, pour les rendre plus légers et donner l'insonorité aux cloisons.

Les *parpaings* en agglomérés de mâchefer, de plâtras et de plâtre s'emploient dans la construction des murs d'habitations à bon marché.

Sables, arènes, pouzzolanes et graviers. — Le sable provient de la désagrégation de roches granitiques, siliceuses ou calcaires ; on le recueille soit dans le lit des rivières, soit au bord de la mer, soit dans les carrières où il fut accumulé par les phénomènes géologiques.

Le sable de rivière, naturellement lavé et exempt de matières terreuses, fait de très bon mortier ; le sable de mer fait aussi de bon mortier, mais, comme il est toujours un peu chargé de sel marin, il donne de l'humidité aux murs ; les sables de carrière ou de plaine sont souvent terreux et donnent, en ce cas, un mauvais mortier.

Pour s'assurer de la pureté d'un sable, on le délaye dans de l'eau propre : si cette eau se trouble plus ou moins, c'est que le sable est terreux. Pour purifier les sables terreux, on les lave sous un courant d'eau propre, ils peuvent ensuite être employés à la fabrication du mortier.

On nomme *arènes* ou *sables vierges*, ceux qui résultent de la décomposition spontanée et sur place de certaines roches arénacées, feldspathiques ou argileuses. Certains de ces sables donnent avec la chaux grasse, un mortier légèrement hydraulique.

Les pouzzolanes sont des sables d'origine volcanique contenant une grande proportion d'alumine ; ces sables mélangés à la chaux grasse donnent un mortier hydraulique qui acquiert une grande dureté. Les mortiers des Romains étaient ainsi faits. On trouve ces sables à Pouzzoles (Italie), en France, en Auvergne, dans le Vivarais et l'Hérault, et en Allemagne, à Andernach *(trass d'Andernach)*.

En cuisant dans un four à briques un mélange de 1 à 3 parties d'argile, de schiste ardoisier, de basalte

ou de grès ferrugineux en poudre avec 9 à 7 parties
de chaux, on obtient une *pouzzolane artificielle*. Le
mélange est mis en forme de pains séchés au soleil,
cuits au four puis broyés sous des meules. La poudre
ainsi obtenue donne un bon mortier hydraulique.

Les sables secs pèsent moins lourds que ceux
humides.

Le mètre cube de sable sec pèse 1400 à 1500 kilogs.

Le mètre cube de sable humide pèse 1750 à 1900 kilogs.

D'après la dimension des grains, on distingue les
sables *fins* (1 millimètre de diamètre), sables *gros*
(1 à 3 millimètres), ensuite c'est le gravier. La *mignon-
nette* ou sable moyen, est un sable dont les grains ont
environ 2 millimètres de diamètre.

Les graviers mélangés de sable grossier pèsent de
1350 à 1500 kilogs au mètre cube.

Cailloux, graviers et sables artificiels. — On les

Fig. 12. — Concasseur à mâchoires avec trieur automatique.

obtient par le concassage à la main ou à la machine,
des débris de roches ou pierres de construction et par

le broyage des cailloux ainsi formés. Les pierres sont cassées à la main avec la masse et la massette à cailloux : un homme casse environ un mètre cube de cailloux par jour.

Les *concasseurs à mâchoires*, mus par une machine à vapeur, produisent de 10 à 100 mètres cubes par jour avec une puissance de 3 à 30 chevaux, selon la quantité de produit cassé et la dureté de la pierre. Les graviers obtenus sont ensuite broyés dans des broyeurs à cylindres pour obtenir du sable ; dans la machine représentée ci-contre, il y a un *trieur* ou *trommel*, qui classe automatiquement les produits de concassage.

Le prix de revient de ces cailloux ou sables artificiels est d'environ 7 francs le mètre cube.

CHAPITRE II

PLATRE, CHAUX, CIMENTS ET MORTIERS

Plâtre. — La pierre à plâtre, ou *gypse*, est un sulfate de chaux cristallisé ; on le rencontre dans la plupart des contrées à l'état plus ou moins pur ; chauffé entre 140 et 150 degrés, il perd son eau de cristallisation et devient farineux ; on le réduit en poudre fine et, si on le gâche avec son poids d'eau, il forme un mortier liant à prise très rapide ; on peut retarder à volonté la prise du plâtre en augmentant un peu la quantité d'eau, mais si l'on met trop d'eau, le plâtre ne prend plus, il est *noyé*.

Pour fabriquer le plâtre, on cuit la pierre à plâtre dans des fours à feu intermittent ou à feu continu. Dans les fours primitifs, on forme des voûtes avec de grosses pierres à plâtre au-dessus desquelles on entasse les pierres plus petites en mettant les menus fragments au-dessus du tout, de façon que la chaleur la plus forte corresponde aux plus gros quartiers de pierre. On fait un feu de bois sous les petites voûtes du four et la cuisson est terminée au bout de 12 à 15 heures. L'inconvénient de ce procédé est que la cuisson est inégale, de plus, le plâtre est sali par les cendres et la

fumée; aussi, dans les usines modernes, on emploie des
fours à feu continu analogues à ceux représentés ci-
dessous pour la chaux. Dans ces fours, le chauffage est
fait au coke ou même au gaz sur le côté du four, le

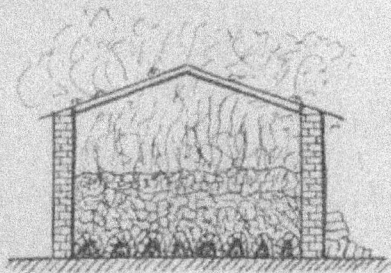

Fig. 14. — Four à plâtre.

plâtre cuit est retiré par en bas et, en même temps,
on recharge la pierre à plâtre par le haut du four.

Quand le plâtre est trop cuit, il s'hydrate difficilement ; on dit alors qu'il est *fritté* ; quand il n'est pas
assez cuit, il est *aride* et ne forme pas un mortier
liant et solide.

Le plâtre bien cuit est onctueux au toucher et
s'attache aux mains ; on doit le conserver à l'abri de
l'air et de l'humidité, dans des sacs ou mieux en
tonneaux hermétiques, sinon il *s'évente* et perd ses
qualités. Le plâtre fraîchement fabriqué prend beaucoup plus vite que celui qui a reposé quelques jours.

Le plâtre ne peut être employé que dans des endroits secs ; à l'humidité, il se *salpêtre* et se désagrège ;
les mortiers de plâtre, à l'inverse de ceux de chaux,
perdent une partie de leur consistance en vieillissant.

Les environs de Paris produisent d'excellent plâtre
qui devient très dur et très résistant aux intempéries,
aussi l'emploie-t-on même pour des enduits extérieurs ; mais tous les plâtres sont loin de posséder

ces qualités exceptionnelles et beaucoup ne peuvent être employés qu'à l'intérieur en maçonnerie, hourdissages et enduits ou plafonds.

On distingue : 1° le *plâtre au panier* qui est tel que le livrent les usines ; c'est avec ce plâtre brut que l'on fait les maçonneries des murs et cloisons, les hourdis et remplissages et les gros enduits ; pour les enduits minces, on tamise le plâtre dans un panier d'osier ou dans une trémie spéciale.

2° Le *plâtre au sas* qui a été tamisé dans un tamis fin en toile métallique ou en crin ; il sert pour les enduits fins, les moulures et les plafonds.

3° Le *plâtre au tamis*, tamisé sur un tamis en toile de soie, pour enduits fins et moulures.

4° Le *plâtre à la pelle* ou *fleur de plâtre*, obtenu en remuant du plâtre avec une pelle bien sèche à laquelle adhère la *fleur de plâtre* que l'on fait tomber sur une toile bien propre ; il sert pour *reboucher* ou *octer* les moulures.

Les résidus du tamisage du plâtre, ou *mouchettes*, s'emploient pour maçonner.

Pour *gâcher* le plâtre, on met l'eau dans l'auge et on ajoute le plâtre avec la truelle en le répartissant dans toute la masse d'eau et en le remuant en tous sens avec la truelle, puis on laisse reposer quelques instants jusqu'à ce que la prise commence à se manifester ; il faut alors employer le plâtre très rapidement. On ne doit gâcher que ce qui peut être utilisé immédiatement et en deux ou trois minutes, car après ce temps, le plâtre est devenu trop dur pour être manipulé. On gâche le plâtre et on l'emploie avec des truelles en cuivre jaune, car il fait rouiller le fer ; en faisant prise, le plâtre augmente de volume (un pour cent environ).

On *gâche serré*, avec moins ou autant d'eau que de plâtre pour maçonner ou sceller.

On *gâche clair* ou *très clair*, en ajoutant un peu plus d'eau, pour enduits et plafonnages.

Enfin, pour boucher des trous, on fait le *plâtre en coulis* en le noyant presque, ce qui le rend fluide et retarde sa prise.

Les matériaux à recouvrir de plâtre doivent être légèrement humectés, sans quoi ils dessèchent le plâtre trop vite : on dit qu'ils brûlent le plâtre.

Le sac de plâtre contient 25 litres ; on le vend 16 à 17 francs le mètre cube, c'est-à-dire 40 sacs. Le plâtre tamisé se vend 20 francs environ les 40 sacs. Le poids du mètre cube est de 1400 kilogs environ.

Pour colorer le plâtre, on l'additionne de poudres d'ocre, de noir de fumée ou autre couleur. Pour le durcir et former les stucs, on le gâche avec du lait de chaux vive, avec de l'eau alunée à 5 ou 7 pour cent, avec de l'eau gommée ou gélatinée par une dissolution de colle forte à 5 0/0.

Le stuc au plâtre est un mélange de 3 parties de chaux éteinte, 1 de sable et 4 de plâtre gâché serré ; on l'emploie pour enduits, corniches et plafonnages.

Chaux. — En calcinant des pierres calcaires, on obtient de la chaux qui, ensuite, mélangée d'eau, forme un mortier liant qui durcit à l'air en se combinant avec l'acide carbonique que cet air renferme toujours ; il se forme ainsi peu à peu un carbonate de chaux qui relie les pierres entre elles d'une façon très solide.

Quand les pierres calcinées sont formées de calcaire pur, on obtient de la chaux grasse ou caustique ; quand la pierre à chaux contient de l'argile ou marne en plus ou moins grande proportion, on obtient de la chaux hydraulique ou du ciment lent ou prompt, cette argile peut être additionnée à la pierre au moment de la cuisson sous forme de terre argileuse non cuite ou de débris de briques ou tuiles pulvérisées ; quand la pierre à chaux contient des sables quartzeux ou des oxydes divers ou autres impuretés, elle donne de la chaux de qualité inférieure, appelée chaux maigre.

L'hydraulicité de la chaux dépend seulement de la proportion d'argile qu'elle contient ; lors de la prise des chaux hydrauliques, il se forme un silicate d'alumine et de chaux qui durcit d'autant plus rapidement que le mélange est fait dans des proportions plus convenables. Cette prise se fait *même sous l'eau* et le durcissement continue pendant plusieurs mois après la prise des chaux hydrauliques et des ciments.

Classification des chaux (d'après M. Devillez, *Constructions civiles*). — Avec moins de 10 0 /0 d'argile dans le calcaire, on obtient de la chaux grasse. Avec 11 0 /0 d'argile pour 89 0 /0 de calcaire pur, on obtient de la chaux un peu hydraulique.

Avec 17 0 /0 d'argile pour 83 0 /0 de calcaire pur, on obtient de la chaux hydraulique ordinaire.

Avec 20 0 /0 d'argile pour 80 0 /0 de calcaire, on obtient de la chaux éminemment hydraulique.

Avec 25 0 /0 d'argile pour 75 0 /0 de calcaire, on obtient de la chaux limite.

Avec 27 0 /0 d'argile pour 73 0 /0 de calcaire, on obtient des ciments romains limites inférieurs.

Avec 36 0 /0 d'argile pour 64 0 /0 de calcaire, on obtient le ciment romain ordinaire.

Avec 61 0 /0 d'argile pour 39 0 /0 de calcaire, on obtient des ciments romains limite supérieure.

Avec 84 0 /0 d'argile pour 16 0 /0 de calcaire, on obtient des pouzzolanes qui deviennent moins énergiques quand la dose d'argile dépasse 90 0 /0.

La chaux grasse fuse ou s'éteint avec énergie, foisonne beaucoup ou augmente beaucoup de volume pendant l'extinction, se dissout presque en totalité dans une quantité d'eau suffisante, formant ainsi ce que l'on nomme de l'eau de chaux, mais, dans une quantité d'eau insuffisante, elle peut se conserver indéfiniment à l'état pâteux et propre à entrer dans la composition du mortier.

La chaux hydraulique fuse plus difficilement, n'augmente guère de volume, mais lorsqu'on la réduit en pâte, elle durcit sous l'eau et dans l'air, plus ou moins rapidement.

Le ciment romain ne fuse pas, il faut le réduire mécaniquement en poudre, puis faire de cette poudre une pâte par addition d'eau ; la pâte faite durcit très rapidement dans l'eau et dans l'air.

Le produit nommé ci-dessus chaux limite, à cause de sa composition mitoyenne entre celle de la chaux hydraulique et celle du ciment romain, possède une singulière propriété. Il contient des parcelles de chaux hydraulique, des parcelles de ciment romain et des parcelles qui ne fusent qu'au bout d'un temps très long. Quand on l'éteint, les parties qui fusent suffisent pour que l'on en fasse une pâte qui, mélangée au sable, donne du mortier capable de durcir assez rapidement dans l'eau ; mais les parcelles qui n'ont pas fusé d'abord, s'éteignent à la longue dans les maçonneries, augmentent de volume et désagrègent le mortier.

On a plusieurs exemples de ponts et d'écluses qui, maçonnés avec ces mortiers, ont paru indestructibles au bout de quelques jours et qui, au bout d'une année, sont tombés tout seuls en ruine.

On court ce danger tant que le rapport varie de 23 0/0 d'argile pour 77 0/0 de chaux, à 27 0/0 d'argile pour 73 0/0 de chaux, et il n'est pas prudent d'employer de semblables produits.

Les ciments limites inférieurs fusent un peu, mais il faut cependant les réduire en poudre.

Les ciments limites supérieurs ne fusent pas du tout et broyés ne se solidifient qu'imparfaitement tout seuls, mais, mélangés avec la chaux grasse, ils lui donnent la propriété hydraulique.

Les pouzzolanes ne fusent pas, ne forment qu'une pâte sans consistance lorsqu'on les mouille après les avoir broyées, ne se solidifient pas quand on les emploie seules ; mais elles possèdent, comme les ciments romains, la propriété de rendre hydrauliques les chaux qui ne le sont pas et d'augmenter l'hydraulicité de celles qui ne le sont pas suffisamment.

Il y a aussi certains composés argileux contenant de la silice dans un état de division extrême, qui peuvent communiquer, sans que cette silice soit combinée à la chaux, d'énergiques propriétés hydrauliques à la chaux grasse, car c'est la silice très divisée qui est la cause première de l'hydraulicité. Quand elle est en grains, sous forme de sable, par exemple, elle perd cette propriété.

Fours à chaux. — Les fours dans lesquels on calcine le calcaire sont de nombreux modèles, nous ne parlerons ici que des plus simples :

1º Le four à cuisson intermittente est le plus ancien, il est employé dans les campagnes pour la fabrication sur place de la chaux grasse ; c'est un four ovoïde dans lequel on forme une voûte avec des pierres à chaux, sur laquelle on entasse d'autres pierres en mettant les plus grosses au fond et les petites en dessus pour obtenir une certaine égalité dans la cuisson. Le feu entretenu sous la voûte pendant environ 30 heures, exige 200 kilogs de houille ou 800 kilogs de bois par mètre cube de calcaire ; la cuisson est inégale et il reste des *incuits* dans la chaux ainsi obtenue.

2° Les fours à cuisson continue sont de deux sortes : ceux dans lesquels le combustible est placé en lits

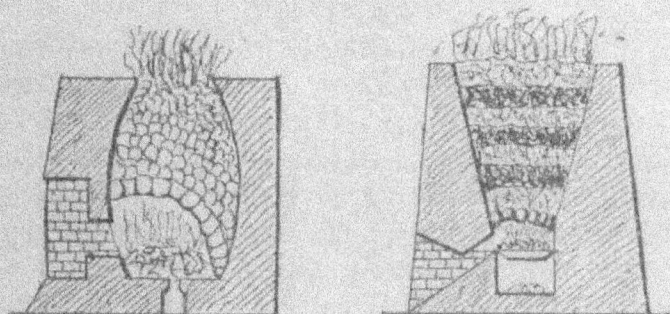

Fig. 15. — Four intermittent.   Fig. 16. — Four continu à courte flamme.

alternatifs avec les lits de calcaire et dans lesquels le feu se propage peu à peu, la recharge étant constam-

Fig. 17. — Four coulant à longue flamme.

ment faite par le haut, tandis que le défournement s'opère par le bas ; ceux dans lesquels un feu continu est fait sur le côté du four, ces derniers ayant l'avantage de donner une chaux qui n'est pas mélangée d'escarbilles et de cendres comme dans les précédents.

La chaux grasse est livrée à la consommation aussitôt après sa sortie du four ; les chaux hydrauliques et les ciments sont éteints, recuits, pulvérisés et livrés en sacs plombés par des usines spécialement outillées. Nous n'entrerons pas ici dans le détail de la fabrication des ciments, priant nos lecteurs de consulter, à cet égard, le livre de M. E. Candlot : *Chaux, Ciments et Mortiers*, nous dirons seulement que l'on peut obtenir par simple cuisson dans un four à chaux ordinaire de la chaux hydraulique en réduisant en poudre du calcaire et en en faisant une pâte avec de l'argile délayée d'eau. On fait avec cette pâte des pains de la grosseur des briques et, après dessiccation, on cuit ces pains qui sont ensuite pulvérisés.

La chaux grasse se conserve en tas à l'abri de l'humidité. Les chaux hydrauliques et ciments doivent être mis en sac ou mieux en tonneaux hermétiques et préservés du contact de l'air et surtout de l'humidité ; autrement, ils s'éventent rapidement et perdent toutes leurs qualités au bout de quelques mois et même de quelques jours, si l'humidité est considérable.

Extinction des chaux. — La chaux grasse est placée dans un bassin formé de planches ou de maçonnerie ou même d'un simple trou creusé dans la terre argileuse ; on l'arrose d'eau avec un arrosoir à pomme ; les pierres cuites se fendent, fusent et fondent en formant une belle pâte blanche liante et onctueuse propre à la fabrication du mortier.

Cette chaux éteinte peut être conservée d'une année à l'autre en la recouvrant d'une bonne couche de sable et d'une toiture qui empêche l'eau des pluies de la délayer. Il faut tenir humide le sable qui recouvre cette chaux éteinte.

La chaux hydraulique en poudre et les ciments ne doivent être additionnés d'eau qu'au moment même de leur emploi en les humectant d'eau et en les remuant rapidement pour que l'eau se répartisse dans toute la masse ; on ajoute de l'eau peu à peu pour obtenir finalement une pâte de la consistance convenable.

La chaux hydraulique en pierres s'éteint par aspersion d'eau en couches minces superposées ; puis on laisse reposer la chaux ainsi mouillée régulièrement pendant 24 heures avant de l'employer.

Principales usines de chaux hydraulique (d'après E. Candlot). — Les principales usines de chaux hydraulique sont les suivantes :

Pavin de Lafarge, au Teil ;

Valette Vialard, à Cruas ;

Conte-les-Pins, près Nice (Alpes-Maritimes) ;

Thorrand, Durandy et Cie, près Nice (Alpes-Maritimes) ;

Sauveterre-la-Lémance (Lot-et-Garonne) ;

Saint-Astier (M. Eymery) (Dordogne) ;

Marans (Vendée) ;

Echoisy (Charente) ;

Paviers et Trogues (Indre-et-Loire) ;

Usines de Beffes (Cher) ;

Senonches (Eure-et-Loir) ;

Laigle (Orne) ;

Les Louvières (Marne) ;

Vitry-le-François (Pavin de Lafarge) (Marne)

Société des Chaux de l'Aube (Aube) ;

Xeuilley (Meurthe-et-Moselle) ;

Virieu-le-Grand (Ain) ;

Montalieu et Bouvesse (Isère) ;
Béon (Ain).

Principales usines françaises de ciments naturels. —
Les principales usines françaises de ciments naturels
sont :

Dumarcet, à Provency (Yonne) ;
Millot, à Marsy et Sainte-Colombe (Yonne) ;
Joudrier et Cie, à Vassy (Yonne) ;
Prévost, à Vassy (Yonne) ;
Bougault, à Vassy (Yonne) ;
Landry Frères, à Venarey (Côte-d'Or) ;
Journault, à Marigny-le-Cahouet (Côte-d'Or) ;
Détang, à Pouilly (Côte-d'Or) ;
Société Romain Boyer, à la Bédoule (Bouches-du-
Rhône) ;
Négrel-Martini, à Roquevaire (Bouches-du-Rhône) ;
Société Pavin de Lafarge, La Bédoule (Bouches-
du-Rhône) ;
Société des ciments de la Porte-de-France, Grenoble
(Isère) ;
Allard, Niellet et Cie, Voreppe (Isère) ;
Vicat et Cie, Saint-Laurent-du-Pont et Uriage
(Isère) ;
Guingat et Cie, Grenoble (Isère) ;
Berthelot, à Vil (Isère) ;
Pelloux et Cie, Valbonnais (Isère) ;
Allas de Berbiguières (Dordogne) ;
Sauveterre (Lot-et-Garonne).

*Principales usines françaises de ciments Portland
ou ciments artificiels.*
Société des ciments français (Demarle et Lonquety,
à Boulogne-sur-Mer) ;
Compagnie Nouvelle des ciments du Boulonnais ;

Compagnie de Dannes (Pas-de-Calais) ;

Darsy, Lefèvre, Stenne et Lavocat, à Neufchâtel (Pas-de-Calais) ;

Cambier et Cie ;

Société de Pernes (Pas-de-Calais) ;

Compagnie Parisienne des ciments A. Candlot, à Mantes (Seine-et-Oise) ;

Société Quillot, à Frangey ;

Société de Pagny-sur-Meuse ;

Société Vicat, à Grenoble ;

Pavin de Lafarge, à Valdonne, près Marseille ;

Usine de Rivet, près Alger.

Prise de la chaux, degré d'hydraulicité. — Prix. — La chaux grasse foisonne beaucoup lorsqu'on l'éteint avec l'eau ; les chaux maigres augmentent ainsi de 20 0/0 et les chaux très grasses de 50 0/0 de leur volume primitif. On reconnaît qu'une chaux grasse est bonne quand elle fuse violemment et régulièrement et qu'elle ne contient pas d'incuits ou pierres non fusantes ; la pâte obtenue est très caustique, elle brûle la peau des mains. En faisant prise par absorption de l'acide carbonique de l'air, la chaux subit un retrait qui la fait se fendiller, ce que l'on évite par l'addition du sable qui forme le mortier.

Les chaux hydrauliques se choisissent selon leur degré d'hydraulicité ; voici le mode opératoire indiqué par M. Flavien, ingénieur :

« Après avoir éteint une certaine quantité de chaux, on la met dans un verre sur les deux tiers de la hauteur et l'on remplit le vase d'eau. Si la chaux est de bonne qualité, elle doit avoir fait prise au plus tard six jours après son immersion, de manière à supporter sans dépression une aiguille de 1 mm. 2 de diamètre, limée carrément à son extrémité et chargée d'un culot de plomb de 300 grammes. Les chaux éminemment hydrauliques du Theil et de Saint-Astier donnent ce résultat après 24 à 36 heures d'immersion. »

La chaux hydraulique fait prise par la formation de silicate d'alumine et de chaux, comme les ciments.

On nomme *indice d'hydraulicité* d'une chaux, le rapport de l'argile à la chaux contenu dans ce produit. Vicat divisait les chaux hydrauliques en :

Chaux faiblement hydrauliques, indice 0,10 à 0,16, faisant prise du 16e au 30e jour.

Chaux moyennement hydrauliques, indice 0,16 à 0,31, faisant prise du 10e au 15e jour.

Chaux hydrauliques proprement dites, indice 0,31 à 0,42, faisant prise du 5e au 9e jour.

Chaux éminemment hydrauliques, indice 0,42 à 0,50, faisant prise du 2e au 4e jour.

Au-delà, ce sont les chaux limites. Aujourd'hui on classe les chaux hydrauliques en chaux légères pesant 500 à 600 grammes au litre et ayant un indice inférieur à 0,30 et en chaux lourdes pesant 700 grammes au litre et ayant les indices au-dessus de 0,30. (D'après M. E. Candlot).

La chaux grasse se vend 15 à 20 francs le mètre cube ; les chaux hydrauliques de 20 à 25 francs le mètre cube.

Les ciments se divisent en ciments *prompts* ou *ciments romains,* dont la prise se fait en quelques minutes après le gâchage et en *ciments lents* ou portlands, dont la prise demande plusieurs heures et dont le durcissement n'est complet qu'après plusieurs mois.

Les ciments prompts sont employés pour les travaux sous l'eau ou sous terre ; à l'air ils ne durcissent pas bien. Les ciments lents pour maçonneries de fondations, murs de bassins et réservoirs, enduits de murs humides, dallages, et enfin pour l'important travail des bétons ordinaires et bétons armés (voir le volume III de cette *Encyclopédie*). Le ciment vaut de 2 à 4 francs le sac de 50 kilos selon sa qualité.

Le ciment prompt mélangé à la chaux grasse dans la proportion de 1 à 2 de ciment pour 10 de chaux (en volume) donne le *mortier bâtard* qui jouit de propriétés très hydrauliques.

Un demi à un pour cent de *sucre* ajouté au ciment favorise son durcissement mais retarde un peu sa prise.

Grappiers. — On nomme *grappiers* les résidus de blutage de la chaux hydraulique, composés d'*incuits* et de surcuits ; on les emploie pour fabriquer des mortiers servant à faire des briques et autres matériaux artificiels en béton de ciment.

Ciments de laitiers et autres. — On fabrique des ciments artificiels avec les laitiers de hauts-fourneaux, avec des calcaires magnésiens et au moyen de mélanges de chaux et de scories de tuiles cuites : ces divers ciments ont les propriétés des ciments de Portland et sont utilisés pour les maçonneries communes qui doivent subir l'humidité.

Conservation des ciments. — Les ciments et surtout les ciments prompts s'altèrent au contact de l'air et de l'humidité ; on doit les acheter au fur et à mesure des besoins et les conserver en sacs ou en barils bien fermés dans un endroit sec. Les vieux ciments prennent plus lentement que ceux nouvellement cuits et donnent un mortier de qualité inférieure.

Mortiers. — Les mortiers sont un mélange de chaux ou de ciment avec du sable et de l'eau pour former une pâte destinée à lier les matériaux de maçonnerie et à faire les remplissages, enduits, scellements, etc.

On distingue les mortiers : de chaux grasse, employés pour les murs en élévation ; de chaux hydraulique, employés pour les fondations, soubassements, caves et travaux destinés à être immergés ; de ciment lent ou prompt pour travaux sous l'eau ou dans les endroits très humides. Les mortiers de ciment à prise lente sont fort employés pour enduits, dallages et revêtements.

Le choix du sable a une grande importance dans la bonne qualité d'un mortier ; le sable doit être de préférence à grains assez gros et inégaux, sauf pour les enduits de finition où l'on emploie du sable tamisé. Mais ce qui est très important c'est la pureté du sable qui ne doit pas contenir de terre, surtout quand on veut faire du mortier de chaux hydraulique énergique ou de ciment.

La présence du sable dans le mortier empêche la chaux de se fendiller par suite du *retrait* qu'elle éprouve pendant qu'elle fait prise ; il facilite aussi cette prise en permettant l'accès de l'air et, par suite, de l'acide carbonique dans l'épaisseur de la masse du mortier.

Pour les divers usages, les proportions varient entre 1 de chaux, 2 de sable et 1 de chaux, 5 de sable ; le premier est du mortier très gras à grande cohésion pour travaux très solides ou sous l'eau, le dernier est un mortier très maigre pour travaux extérieurs de maçonneries légères et remplissages.

Pour établir le prix de revient d'un mortier, il suffit d'additionner le prix de la chaux, le prix du sable et le prix de la main-d'œuvre dont nous parlons plus loin ; le dosage des quantités de chaux, ciment et sable se fait *au sac, à la pelle, au seau* ou à la *brouette à dosage* représentée dans une de nos gravures (fig. 20, 2). Ce procédé de dosage *au volume* ne présente pas une très grande exactitude et il est toujours préférable de doser *en poids* quand il s'agit de travaux soignés tels que les maçonneries sous l'eau ou à la mer.

Le mortier de chaux hydraulique à 250 kilogs pour un mètre cube de sable coûte environ 22 francs le mètre cube ; à 350 kilogs de chaux hydraulique pour un mètre cube de sable 26 francs ; à 400 kilogs de ciment romain pour un mètre cube de sable, 35 francs le mètre cube ; à 450 kilogs de ciment de Portland pour un mètre cube de sable, 38 francs le mètre cube.

Pour certains usages tels que joints de tuyaux, rejointoiements de pierres ou briques, scellements, aveuglement de fuites d'eau, on fait usage d'un mortier de ciment prompt ou lent composé seulement de ciment pur et d'eau sans addition de sable. Ce ciment pur est sujet à se fendiller à l'air, aussi ne l'emploie-t-on que sous l'eau ou dans les endroits humides ou renfermés, comme dans le cas des scellements du fer dans les murs.

Compositions en poids de chaux ou ciment et en volume de sable, pour quelques mortiers usuels :

Murs de clôture ou d'habitations :
Chaux grasse en pâte .... 700 à 1000 kilos
Sable .... 2 mètres cubes.

Maçonneries ordinaires en endroits humides :

    Chaux hydraulique de Beffes . . . .   250 à 350 kilos.

    Sable . . . .   1 mètre cube.

Maçonneries à immerger :

    Chaux hydraulique. . . . .   400 kilos.

    Sable . . . .   1 mètre cube.

Maçonneries de caves ou réservoirs, ponts, berges, écluses :

    Ciment Portland.   300 kilos.

    Sable . . . .   1 mètre cube.

Travaux du Métropolitain de Paris :

    Ciment Portland.   300 kilos.

    Sable . . . .   1 mètre cube.

Travaux en ciment armé, à la mer ou sous l'eau :

    Ciment . . . .   400 à 500 kilos.

    Sable . . . .   1 mètre cube.

Enduits de réservoirs :

    Ciment . . . .   600 à 650 kilos.

    Sable . . . .   1 mètre cube.

Dallages (chape) :

    Ciment . . . .   1000 kilos.

    Sable . . . .   1 mètre cube.

(D'après M. Candlot.)

Composition en volumes de quelques mortiers (d'après M. Devillez, *Constructions civiles*).

1º pour murs de clôture et de bâtiments non exposés à l'humidité :

37 parties chaux grasse éteinte et 95 de sable de rivière (constructions faites lentement) ;

2º pour pavage de cours :

34 parties de chaux grasse légèrement hydraulique et 82 parties de ciment de tuiles pilées ;

3º pour maçonnerie de réservoirs :

25 parties de chaux grasse, 94 de sable de rivière et 20 de pouzzolane ;

4° pour travaux dans l'eau (mortier très hydraulique) :

36 parties de chaux hydraulique très énergique, 100 parties de sable de rivière et 4 parties de pouzzolane ;

5° pour le service des eaux et égouts de la ville de Paris (constructions hydrauliques) :

33 parties de chaux hydraulique énergique et 102 de sable.

Ou bien, 40 parties de chaux hydraulique très énergique et 100 de sable de rivière.

6° Maçonnerie du pont-canal de l'Orb, à Béziers :

45 parties de chaux peu hydraulique, 45 de sable de rivière et 45 de pouzzolane ;

7° pour travaux maritimes des ports de Cette, de Marseille, de Toulon, d'Alger, etc.

48 parties de chaux très hydraulique du Theil (Ardèche) et 100 parties de sable de rivière ;

8° Proportions conseillées par Vicat pour les maçonneries hydrauliques construites hors de l'eau :

55 parties de chaux hydraulique énergique et 100 parties de sable ;

9° Proportions conseillées par Vicat pour les mortiers hydrauliques qui doivent être immergés sous une eau profonde, lorsqu'on ne peut épuiser :

65 parties de chaux hydraulique très énergique et 100 parties de sable ;

10° Diverses compositions employées dans le Hainaut pour enduits de citernes, pour citernages de caves placées dans des terrains très aquifères et appliquées en quelques autres circonstances analogues :

1 partie chaux de Basècles, 1 partie cendres de houille Flénu tamisées très fin et 1 partie de trass d'Andernach.

Ou encore :

1 partie chaux de Mévergnies et 1 partie cendres de briquettes brûlées dans des foyers domestiques et formées de houille Flénu fine et d'argile ;

Ou bien encore :

1 partie chaux de Basècles, 1 partie cendres de briquettes de houille du Centre fine et d'argile, et demie partie de trass.

Les cendres du premier composé contenaient, d'après une analyse faite à l'École des Mines de Mons, par M. Trouilliez, 0,039 de leur poids de silicate de chaux, 0,250 de silicate d'alumine et 0,061 de silice libre.

Celles du second contenaient : 0,0195 de silicate de chaux, 0,500 de silicate d'alumine et 0,026 de silice libre.

Les cendres de houille maigre sont généralement d'assez bonnes pouzzolanes.

Les chaux de Basècles et de Mévergnies sont hydrauliques, mais les secondes plus que les premières.

Dans les mélanges qui précèdent, les proportions sont établies en volumes.

11° En Belgique, on a parfois employé avec succès les ciments romains, comme pouzzolanes, et voici quelques proportions qui ont été adoptées pour les travaux de fortification de la ville de Diest :

Mortier hydraulique pour les travaux soumis simplement à l'humidité :

8 volumes mortier ordinaire, un volume trass d'Allemagne ; ou bien :

10 volumes mortier ordinaire et un volume ciment d'Anvers n° 1.

Mortier hydraulique pour les jointoiements :

4 volumes mortier ordinaire et 1 volume ciment d'Anvers n° 2.

Mortier hydraulique pour les enduits des parements cachés et pour les chapes de voûtes.

4 volumes mortier ordinaire, 1 volume ciment d'Anvers nº 1 et 1 volume ciment d'Anvers nº 2.

Le mortier ordinaire était composé de chaux hydraulique de Tournay, qui devait commencer à faire prise dans l'eau après deux jours d'immersion, et de sables siliceux purs mélangés dans la proportion de une partie de chaux éteinte en poudre et une partie de sable.

On voit, d'après ces compositions si variables de chaux, de sable, de ciment et de pouzzolane, par combien de moyens il est possible de se procurer des produits plus ou moins hydrauliques, suivant les besoins ; mais il est prudent, dans tous les cas, d'essayer soi-même les divers mortiers que l'on peut former par des combinaisons judicieuses de tous ces éléments, et de compter surtout sur son expérience personnelle au sujet du parti que l'on peut tirer des éléments spéciaux que l'on a sous la main, car ces éléments varient souvent eux-mêmes de composition dans la même localité, ce qui entraine l'obligation de varier les proportions que l'on doit adopter pour leur mélange.

Fabrication des mortiers. — Les mortiers sont des mélanges de chaux et de sable ; de chaux, de sable et de ciment, ou de pouzzolanes ; de ciment et de sable ; et parfois ils sont formés de ciment pur. Les proportions des éléments de ces mélanges doivent être déterminées avec soin et par expérience, en toutes circonstances, mais surtout en cas de travaux importants, afin de s'assurer que les mortiers posséderont bien les qualités indispensables à l'emploi que l'on en veut faire.

Pour que le mortier soit imperméable, il faut qu'il contienne, au minimum, une quantité de chaux égale, en volume, au volume des vides que laissent entre elles les particules du sable. Ces volumes se mesurent en plaçant le sable sec dans un vase d'une capacité déterminée et y versant ensuite de l'eau jusqu'à ce qu'elle affleure la surface du sable. Il faut que le sable ait été récemment remué, parce qu'après un long repos, la somme des vides intérieurs y est diminuée.

Il importe de faire observer que les mortiers à chaux grasse gagnent à être corroyés à plusieurs reprises, c'est-à-dire à être fabriqués à l'avance, puis à être ramollis au fur et à mesure des besoins, soit par un rebattage simple, soit par un rebattage accompagné d'une légère addition d'eau, ce qui contribue à leur faire absorber l'acide carbonique de l'air, cause de leur durcissement. Les mortiers de chaux hydraulique, au contraire, ne doivent pas être ramollis ni délavés par une addition d'eau, quand ils ont subi un commencement de prise ; cependant on a constaté que lorsque cette prise n'était pas trop avancée, un rebattage énergique et une légère addition de lait de chaux également hydraulique, ne nuisaient point à leur durcissement subséquent.

Les maçonneries à exécuter au-dessus du sol et assez épaisses pour qu'elles ne se dessèchent pas trop rapidement, peuvent être faites avec du mortier de chaux grasse et de sable, en ne poussant pas trop rapidement leur construction et en empêchant un dessèchement trop rapide.

Lorsque l'on construit, sous l'eau, des massifs de maçonnerie qui ne doivent être immergés qu'à une époque éloignée, on n'a pas besoin d'employer du mortier très hydraulique. Si, au contraire, ils doivent ou peuvent être soumis immédiatement à des causes de

dégradation, il faut qu'ils soient très énergiques. Dans
le premier cas, on les fait avec de la chaux hydraulique
faible et du sable, ou avec de la chaux grasse mélangée
de chaux énergique et de sable, ou avec de la chaux
grasse, des pouzzolanes faibles et du sable. Dans le
second cas, on emploie de la chaux énergique avec du
sable, ou de la chaux grasse ou faiblement hydraulique avec des pouzzolanes énergiques, et enfin on
se sert parfois de mortier de ciment pur.

La nature des matières à mélanger et les proportions de leur mélange une fois déterminées, on procède à la manipulation du mortier.

Cette manipulation se fait à bras ou avec des
machines mues par des hommes, par des chevaux
ou des appareils à vapeur.

Quand elle se fait à bras, l'ouvrier forme avec le
sable une couronne sur une aire faite en planches ; au
centre de cette couronne, il place la chaux en pâte qui
doit entrer dans la composition du mortier, puis il
procède au mélange à l'aide d'un rabat et d'une pelle.
Le rabat, espèce de houe à tranchant arrondi, sert à
écraser et à triturer la matière, et la pelle à la rele-
ver en tas de temps en temps. Le mortier est considéré
comme fait convenablement lorsque l'on n'aperçoit
plus dans la masse pâteuse, aucune parcelle blanche
de chaux non mélangée au sable.

Ce procédé est fatigant, coûteux et ne fournit habi-
tuellement que des mortiers de qualité inférieure à
celle des mortiers qui sont fabriqués par machines,
parce que l'ouvrier, malgré la surveillance la plus
active, ne pousse pas assez loin la trituration des
matières.

Sur tous les chantiers de construction un peu
importants, le mortier se fait par machine. On a
appliqué à cet usage un grand nombre de machines

différentes : des tonneaux au centre desquels tournait un axe garni de branches en fer, des cylindres cannelés entre lesquels on faisait arriver par une trémie le sable et la chaux en pâte ou en poudre, dans les proportions voulues pour le mortier ; des tonneaux tournant autour d'un axe horizontal et incomplètement remplis des matières à mélanger, etc., etc. ; mais l'appareil le plus communément employé est le manège mû par un ou deux chevaux ou par machine à vapeur.

Ces manèges, dont la construction est tout à fait élémentaire, se composent d'un axe vertical auquel on a fixé deux ou trois bras qui traversent les moyeux

Fig. 18. — Malaxeur au moteur ou à manège.

d'autant de grosses roues ordinaires de voitures ; ces roues tournent dans une auge circulaire d'environ quatre mètres de diamètre, à fond dallé en pierres dures et quelquefois en briques les plus dures que possible. Le tout est entraîné par un ou deux chevaux attelés à des flèches de 4 à 5 mètres de rayon. L'auge porte en un point de son pourtour une vanne que l'on soulève quand le mortier est fait, pour le verser dans un bassin situé à côté et à un niveau inférieur ; on aide cette évacuation avec une espèce de râcloir suspendu à un bras du manège et qui épouse la forme de l'auge quand on le descend. On fabrique aussi des malaxeurs à mortier avec cuve en tôle (fig. 18).

On place d'abord dans l'auge l'eau et la chaux qui doit servir à une opération ou *bassinée*, en éparpillant la chaux sur le fond ; on fait faire quelques tours pour la ramollir et l'étendre bien complètement, puis on jette le sable à la pelle, par petites parties et à mesure que le mélange se fait, en le répandant aussi uniformément que possible. On reconnaît que ce mélange est terminé quand on n'aperçoit plus de points blancs dans la pâte et qu'elle a pris une teinte bien uniforme.

Avec un manège à trois roues et deux chevaux, on peut fabriquer en une demi-heure une bassinée de un mètre cube de mortier ; soit 20 mètres cubes par journée de 10 heures.

Le service de l'appareil exige un surveillant que nous supposerons payé.	5 fr. 50
Deux chevaux à 5 francs l'un	10 fr.
Quatre ouvriers à 4 francs.	16 fr.
Total	31 fr. 50

De sorte que le prix de fabrication du mortier s'élève à 1 fr. 50 environ par mètre cube. Avec la machine à vapeur et les grandes malaxeuses à mortier, ce prix s'abaisse à 0 fr. 60 par mètre cube.

Ces appareils, dont certains sont à distribution automatique de la chaux en poudre et du sable, emploient une machine à vapeur de 4 chevaux pour donner 60 mètres cubes de mortier par jour (malaxeur Coignet).

Le prix du mètre cube de mortier fabriqué à la main et au rabat, s'élève au moins à 3 francs dans les mêmes conditions de salaire d'ouvriers, et il vaut moins, parce que les roues du manège écrasent les parcelles de chaux qui ne sont pas suffisamment cuites ou qui le sont trop, ce qui augmente la dureté du mortier, et parce que le mélange est plus intime.

Il ne faut donc jamais hésiter, pour les travaux de quelque importance, à fabriquer le mortier par machine.

Quand on remplace, en partie ou en totalité, le sable par du ciment ou par des pouzzolanes, pour obtenir des mortiers plus hydrauliques, la fabrication se fait à la main avec le rabat, ou par machine, pourvu que la prise de ce mortier ne soit pas trop prompte ; mais pour les mortiers de ciment romain pur ou de ciment romain et de sable dont la prise est trop rapide, il faut employer un autre procédé.

Mortier de ciment romain. — Quand on mêle du sable au ciment, il faut que la dose de ciment soit, au minimum, suffisante pour emplir tous les vides du sable, lorsque le mortier est destiné à des ouvrages solides et imperméables, et il faut encore tenir compte, dans le dosage, d'un phénomène qui est à peu près général dans les ciments, c'est que le volume de pâte, après leur gâchage, est plus petit que celui de la matière en poudre, de 0,15 à 0,18 du volume de celle-ci.

Voici les proportions diverses de ciment et de sable employées en France pour diverses applications, lorsque ce ciment est celui de Vassy (Yonne), et il est probable qu'elles ne devraient pas être notablement modifiées pour d'autres ciments romains.

Proportion en vol.		OBSERVATIONS
Ciment	Sable	
1	0	Mortier de ciment pur employé à l'étanchement des sources et des fuites d'eau : solidification instantanée.
3	1	Employé pour les enduits de fosses, de citernes, de réservoirs, etc., pour lesquels l'adhérence et l'imperméabilité sont les conditions principales exigées.
2	1	
3	2	
1	1	
2	3	Ce sont les mortiers dont l'usage est le plus fréquent. On les emploie pour exécuter les maçonneries de meulières, de briques, de moellons, pour faire des rejointoiements de toute nature, des chapes et des enduits de maçonneries neuves ou vieilles. On les emploie également pour la reprise des maçonneries en sous-œuvre et la restauration de vieux parements ; ils résistent bien aux intempéries de l'air.
1	2	
1	2.5	
1	3	Employé pour les voûtes, les murs, les massifs, qui peuvent attendre le durcissement complet avant d'être soumis à de fortes pressions ou pour lesquels la condition de complète imperméabilité n'est pas indispensable.
1	3.5	
1	2	Les mortiers qui contiennent ces proportions de sable commencent à être maigres et à perdre leurs qualités principales ; il faut les réserver pour la construction des massifs et pour les travaux de remplissage. Le dernier jouit encore de la propriété de durcir sous l'eau plus rapidement que les bonnes chaux hydrauliques.
1	4.5	
1	5	

L'introduction du sable dans les ciments en général, diminue considérablement, surtout dans les

premiers temps, la cohésion dont ceux-ci sont susceptibles quand on les emploie seuls, par défaut
d'adhérence au sable et par la plus grande quantité
d'eau qu'il faut employer. La cohésion de ces produits, mesurée à une époque quelconque après leur
confection, est toujours en raison inverse de la quantité d'eau employée dans le gâchage. Tout ciment que
l'on est obligé d'amener à la consistance de coulis
clair, n'atteint que la moitié de la dureté qu'il eût
possédée s'il avait été gâché à la consistance de pâte
ordinaire ; il reste poreux et perméable.

Le gâchage doit se faire avec un volume d'eau à
peu près égal à la moitié du volume de ciment en
poudre, et cette proportion, qui paraît insuffisante
au commencement de l'opération, est bientôt recon-
nue suffisante après quelques instants d'une trituration énergique qui s'effectue de la manière suivante :
l'ouvrier place sur une large planchette entourée de
rebords de trois côtés, le ciment en poudre et le sable
dans les proportions déterminées, et fait d'abord le
mélange intime à sec, puis il en forme une digue du
côté qui n'a point de rebord et verse derrière ce
barrage toute l'eau d'une gâchée ; avec le bout d'une
truelle mince en acier, il pousse alors rapidement et
par petites parties toute la poudre dans l'eau qui ne
tarde pas à être absorbée, et il remue le tout pour
former la pâte préparatoire qu'il range d'un côté de
la planchette. Alors il fait successivement passer la
pâte par petites parties sous le plat de la truelle en
la comprimant avec force afin d'en broyer et triturer
jusqu'aux dernières parcelles. Deux opérations semblables à celle-ci suffisent généralement, mais quand
le gâcheur n'est pas très habile, il en faut trois ou
quatre. Le mortier gâché est immédiatement porté
au maçon qui le met en œuvre.

Le ciment gâché avec beaucoup d'eau ne fait pas prise aussi rapidement que le précédent et peut être gâché mécaniquement, mais il est moins bon.

Les bons ciments romains employés purs font généralement prise sous l'eau en quelques minutes et, au plus, en deux heures. Ils ont alors acquis 1/5e environ de leur dureté finale, qui n'est acquise qu'au bout d'un an ou deux. La progression suit à peu près la marche : 1/5e de la dureté finale à la prise, 1/4 le troisième jour, 1/3 après le premier mois, 1/2 après le troisième, 2/3 après le sixième et les 9/10e après la première année.

Quand les mortiers de ciment doivent être immergés dans l'eau de mer, il faut qu'ils aient été préalablement essayés dans les mêmes conditions, parce que bien souvent des ciments qui avaient d'abord durci, ont perdu leur consistance plus tard et ont ainsi occasionné de graves mécomptes ; il en a été de même de certains mortiers hydrauliques ordinaires dont la composition doit avoir reçu, également, la sanction de l'expérience. Dans tous les cas, les joints de mortier, dans les maçonneries exposées à l'action de cette eau, doivent être réduits à la moindre épaisseur que comporte la parfaite liaison des matériaux.

Mortier bâtard. — On donne ce nom aux mortiers de chaux dans lesquels on fait entrer une certaine quantité de ciment en poudre ou de pouzzolane, pour leur donner plus de dureté, pour en hâter la solidification ou pour leur communiquer les propriétés hydrauliques. En général, l'addition de 10 à 20 0/0 de ciment romain dans un mortier de chaux grasse et de sable, suffit pour lui communiquer des propriétés hydrauliques assez énergiques et elles augmentent avec la dose de ciment.

Quand on fait des enduits avec le mortier bâtard, il faut ajouter le ciment en poudre au mortier ordinaire déjà fait, et triturer le tout sur une planchette à rebord, en suivant le procédé que nous avons décrit au sujet du gâchage des ciments. Pour les maçonneries, on fabrique le mortier ordinaire au rabat ou au manège, en ayant soin de le faire un peu clair, puis on y ajoute le ciment en poudre que l'on mélange intimement à toute la masse par le même procédé. (D'après M. Devillez.)

Bétons. — Le béton est un mélange de sable, de ciment ou chaux hydraulique et de cailloux roulés ou pierres cassées en petits morceaux de la grosseur maxima d'un œuf de poule. On a ainsi le béton de chaux hydraulique et le béton de ciment de diverses qualités.

Généralement, on commence par faire un mortier avec le sable et la chaux ou ciment et un peu d'eau, puis quand ce mortier est bien corroyé, au rabat ou au malaxeur, on le mélange avec une certaine quantité de cailloux, soit par un brassage avec une sorte de fourche ou *broyeur à béton* représenté dans nos gravures (fig. 20, 35), soit en jetant le mortier et les cailloux dans une *bétonnière*. Cette bétonnière se compose d'un cylindre de 2 à 3 mètres de long dans l'intérieur duquel sont disposées *en chicane* des barres de fer qui forcent le mortier à se mélanger intimement avec les cailloux. Dans certaines bétonnières analogues aux malaxeurs à mortier ou formées de cylindres en rotation, on opère directement le mélange du ciment, du sable et des cailloux avec l'eau en quantité convenable. Le prix de la fabrication varie de 3 francs, à bras, à 1 fr. 50, à la machine, par mètre cube.

L'emploi du béton a pris une importance considérable dans les travaux de maçonnerie où il remplace économiquement la pierre dure ; il est plus résistant que la maçonnerie ordinaire ; on l'emploie surtout en fondations, travaux sous l'eau et à la mer, murs de quais, blocs pour enrochements et blocs moulés, massifs de machines, murs de soutènement, pylônes, puits de fondations et enfin pour les infra et superstructures de toutes sortes en *béton armé*, c'est-à-dire en béton de ciment portland dans la masse duquel sont noyées des armatures de barres de fer ; nous consacrerons un volume spécial à cet emploi si remarquable du béton de ciment.

Fig. 19.
Bétonnière.

Nous empruntons à M. E. Candlot les formules suivantes de dosage des bétons en faisant observer que dans le *béton gras* le mortier doit remplir complètement les vides entre les pierres (1), tandis que dans les bétons maigres, ces vides ne sont que partiellement remplis ; le béton doit être d'autant plus gras qu'il doit être immergé plus tôt dans l'eau.

Pour les petits travaux, on fait le béton avec des petits graviers ou gravillons lavés.

Les dosages généralement employés pour le béton sont de : 1 de ciment, 2 de sable, 4 de cailloux, pour les ouvrages demandant une grande résistance ; pour les blocs artificiels et les ouvrages immergés en eau de mer, on peut adopter le dosage de : 1 de ciment,

(1) On détermine l'importance de ces vides en opérant comme il a été dit à propos des vides du sable : mettre les cailloux dans un baquet et ajouter de l'eau jusqu'à affleurement des cailloux ; cette quantité d'eau représente les vides entre les pierres.

Pour des pierres cassées on a 45 à 50 0/0 de vides, pour des cailloux roulés ou gravier on a 37 à 40 0/0 de vides.

3 de sable et 5 de cailloux. Enfin, pour les massifs de moindre importance, on utilise les dosages suivants : 1 de ciment, 4 de sable, 6 de cailloux ou 1 de ciment, 4 de sable, 8 de cailloux. On peut encore obtenir un excellent béton suffisant pour bien des cas, avec le dosage de 1 de ciment, 5 de sable, 10 de pierres.

Voici, d'après M. Quinette de Rochemont, quelques compositions de béton employées dans un certain nombre de ports : à Aberdeen, 1 de ciment, 3 ou 4 de sable et 3 ou 4 de gravier ; à Newhaven, 1 de ciment, 2 de sable, 5 de galets ; à Ymuiden, autrefois, 1 de ciment, 3 de sable, 5 de galets ; actuellement, 2 de ciment, 3 de sable, 5 de bircaillons ou pierres cassées ; à Colombo, 1 de ciment, 2 de sable, 6 de pierres cassées ou de gravier ; à Douvres, 1 de ciment et 9 de sable, graviers et galets ; à Bilbao, 200 kilogrammes de ciment pour 0 mc. 45 de sable et 0 mc. 90 de pierres.

La forme des pierres paraît avoir peu d'importance sur la résistance des bétons ; avec les cailloux ronds, on obtient une compacité bien plus grande qu'avec les pierres cassées et leur emploi se recommande à cause de cette qualité, bien que les pierres cassées paraissent devoir donner une adhérence plus grande et, par suite, une meilleure résistance.

CHAPITRE III

RÉSISTANCE DES MATÉRIAUX DE CONSTRUCTION

Classification des pierres d'après leur dureté. — Le diamant, qui est le plus dur des corps connus, étant pris comme terme de comparaison, les pierres et roches se classent comme suit :

Diamant 10
Rubis, saphir et corindon 9
Topaze et émeraude 8
Grenat............................. 7,5
Quartz cristallisé 7
Opale et feldspath 6
Phosphate de chaux 5
Chaux fluatée 4
Carbonate de chaux (calcaire) 3
Gypse ou plâtre hydraté 2
Talc 1

La dureté des cristaux d'une même pierre varie le plus souvent selon les faces et même dans une même face.

Résistance pratique des matériaux de construction. — Nous avons indiqué, dans la nomenclature des pierres, briques et mortiers, la résistance à l'écrasement de chaque matière. Dans la pratique, on admet que pour les constructions de peu de durée, la *charge pratique* peut être prise de *un sixième* de la charge d'écrasement ; pour les constructions de longue durée, on prend *un dixième* de la charge d'écrasement et même seulement *un quinzième* si ces constructions sont faites avec des matériaux de blocage réunis par du mortier. Enfin dans les grands travaux d'art, ponts et viadues, certaines des parties soumises à de grands efforts sont calculées avec une *charge de sécurité* de *un vingtième* de la charge d'écrasement des matériaux.

Dans le calcul de la charge supportée par un mur doivent entrer le poids du mur proprement dit, le poids des charpentes, planchers et toitures et aussi les poids dont seront plus tard chargés les divers planchers du bâtiment.

Dans le choix des matériaux pour construire un mur, on doit non seulement tenir compte de la résistance à l'écrasement des matériaux neufs que l'on emploie, mais aussi, et surtout, des modifications que le temps, l'air, la pluie et le froid peuvent faire subir à cette résistance.

Nous avons indiqué l'emploi des matériaux selon leur nature : pour les fondations et les soubassements il faudra choisir des pierres et des briques résistant à l'humidité et de plus forte résistance à l'écrasement que pour les étages supérieurs.

Le tableau ci-après résume ce qui a été dit sur les résistances des matériaux de maçonnerie :

	Ecrasement	Charge pratique
Basaltes, porphyre	2000 à 2500 kilos.	100 à 200 kilos.
Granits durs, rouges ou verts	1.00 à 1800 —	80 à 150 —
Granits ordinaires, gris ..	600 à 800 —	50 à 80 —
Grès de Fontainebleau ..	700 à 900 —	60 à 80 —

	Écrasement	Charge pratique
Grès des Vosges.........	300 à 500 kilos.	50 à 80 kilos.
Marbres................	700 à 1000 —	50 à 80 —
Roches et liais durs......	500 à 800 —	40 à 70 —
Liais demi-durs.........	200 à 400 —	15 à 35 —
Roches douces..........	150 à 300 —	10 à 25 —
Bancs Royals..........	80 à 120 —	7 à 10 —
Bancs francs...........	100 à 150 —	8 à 14 —
Vergelés..............	40 à 100 —	4 à 8 —
Calcaires tendres........	25 à 60 —	2 à 5 —
Meulière..............	60 à 90 —	5 à 8 —
Plâtre à l'eau.........		4 à 5 —
— au lait de chaux..		6 à 8 —
Mortier de chaux vive ...		3 à 4 —
Mortier de chaux hydrau-lique...............		8 à 15 —
Mortier de ciment Port-land................		18 à 25 —
Mortier de ciment prompt		6 à 12 —
Béton de ciment Portland		15 à 50 —

(On voit que dans le tableau ci-dessus les charges de sécurité sont indiquées environ au *dixième* des charges de rupture, sous réserve de ce qui a été dit précédemment pour les travaux importants.)

CHAPITRE IV

OUTILLAGE DU MAÇON

Outillage du maçon. — La gravure ci-après représente les outils dont se servent les maçons pour la taille et le transport des pierres ainsi que pour la fabrication du mortier et l'édification des murs ; on verra le mode d'emploi de ces divers outils dans la description des divers travaux de maçonnerie.

Outillage des maçons et plâtriers

1 Brouette à laver les cailloux.
2 Brouette à mortier ou à dosage.
3 Brouette à bayard pour les pierres.
4 Manne pour monter les matériaux et descendre les gravois.
5 Bourriquet   —   —
6 Pince articulée pour monter et poser les pierres.
7 Louves pour monter les pierres.
8 Palan ou moufle.
9 Poulie et corde en chanvre.
10 Moufle de sûreté.
11 *Volets* ou *oiseaux* en bois ou en tôle pour porter le mortier.
12 Coin en acier pour fendre les pierres, bois, etc.
13 Hotte en osier.
14 Roules à barder.
15 Ronds à barder.
16 Brayers en corde.
17 Torches en paille pour recevoir les pierres de taille.

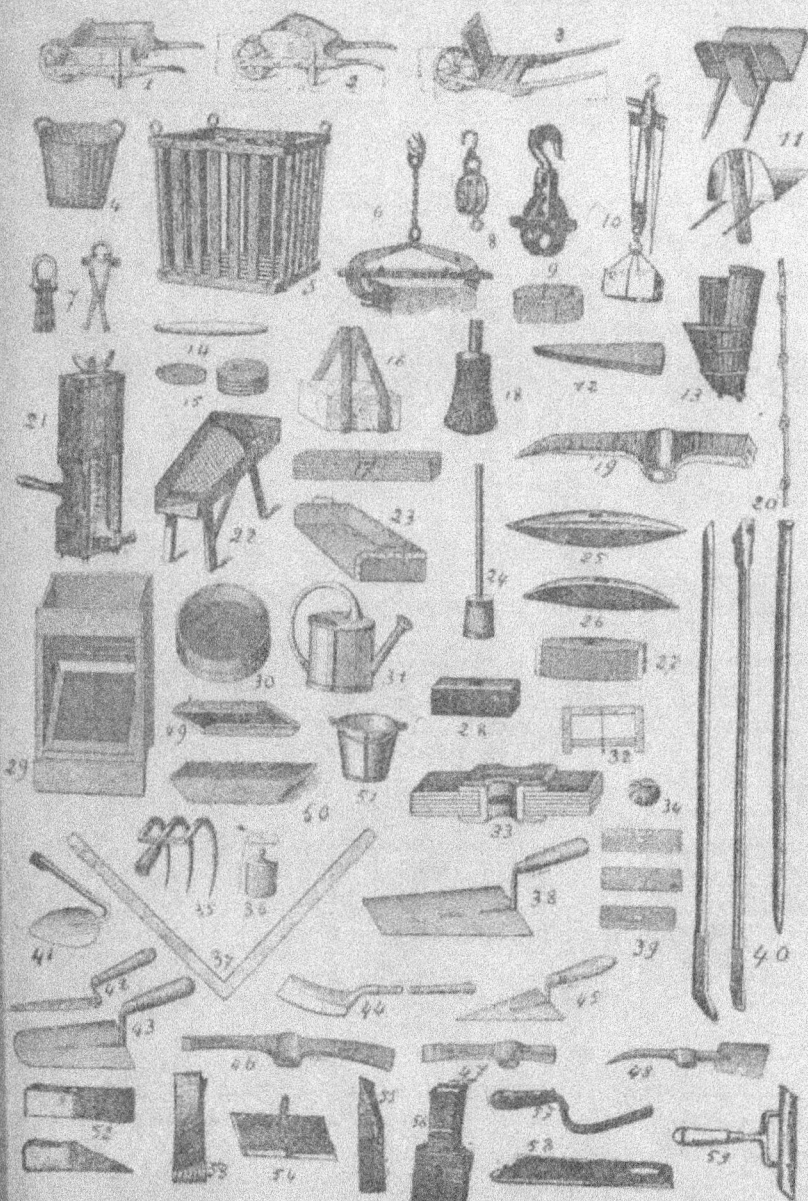

Fig. 20.

18 Brosse pour humecter les matériaux.
19 Marteau de démolisseur.
20 Corde à nœuds.
21 Cric.
22 Claie ou crible à gravier.
23 Gâchoir à mortier.
24 Pilon en bois.
25 Marteau à pointer.
26 Marteau à deux pointes dit enfonçoir.
27 Masse.
28 Massette.
29 Trémie à passer le plâtre.
30 Tamis toile métallique.
31 Arrosoir tôle galvanisée.
32 Niveau en bois avec fil à plomb.
33 Marteau américain pour piquer la pierre.
34 Cordeau ou ligne de maçon.
35 Fourche à cailloux ou broyeur à béton.
36 Fil à plomb.
37 Equerre en fer.
38 Truelle carrée ou à lisser.
39 Bouchardes à main.
40 Pinces ou pressons.
41 Rabot à mortier.
42 Truelle langue de chat.
43   —   à gâcher ou à briques.
44 Pelle à mortier.
45 Truelle triangulaire.
46 Décintroir de maçon.
47 Hachette de plâtrier.
48 Décintroir à talus.
49 Toile à plâtre pour tamiser fin.
50 Auge à mortier.
51 Seau en bois cerclé fer.
52 Têtus.
53 Rustique.
54 Taloche.
55 Polka.
56 Laye.
57 Tire-joints.
58 Guillaume.
59 Truelle Berthelet.

CHAPITRE V

CONSTRUCTION DES MURS

Un mur est généralement bâti sur une *fondation* ou partie de mur enfouie dans le sol et reposant sur le roc ou le terrain dur. Nous avons donné dans le précédent volume les principes d'établissement des fondations qui présentent toujours une épaisseur plus grande que le mur qu'elles doivent supporter ; cette différence d'épaisseur se nomme *empattement*.

Le mur est lui-même généralement construit plus large à sa base qu'à son sommet ; la diminution de son épaisseur s'obtient en bâtissant l'un des *parements* ou même les deux parements en *retrait* de la verticale. On donne ainsi au mur une grande stabilité tout en réalisant une économie de matériaux ; ce retrait en dedans de la verticale a reçu le nom de *fruit*. Quand un mur est construit avec des parois verticales, il est *d'aplomb* et si, par suite de malfaçons, d'affaissement des terrains ou de poussées quelconques, le parement du mur vient en dehors de la verticale, on dit qu'il y a *surplomb* ou *contre-fruit*, ce qui est un présage de la ruine du mur.

Le *fruit* est convenable entre 1 centimètre par mètre

de hauteur pour les murs en moellons et *un demi* centimètre par mètre de hauteur pour les murs en meulière ou en pierre de taille. Dans les pays menacés par

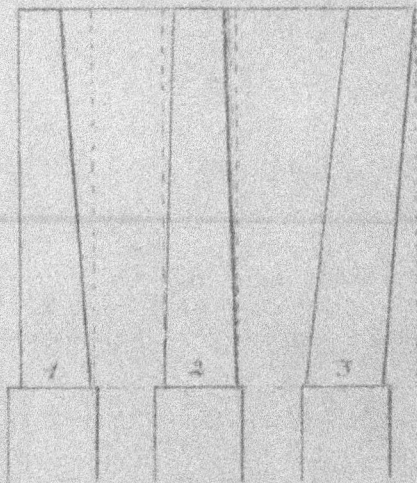

Fig. 21. — 1. Mur d'aplomb à gauche, fruit à droite.
2. Fruit sur les deux parements.
3. Surplomb à droite.

les tremblements de terre, on augmente le fruit des murs jusqu'à 2 et 3 0/0 de la hauteur.

Il faut considérer dans un mur sa longueur, sa hauteur, son épaisseur et la charge qu'il doit supporter. Pour qu'un mur présente de bonnes conditions de solidité, il faut qu'il soit construit en matériaux capables de supporter la charge du mur et des charpentes elles-mêmes chargées et qu'il ait une épaisseur en rapport avec sa hauteur et sa longueur.

Si l'on construit un mur isolé, non relié à d'autres murs par des charpentes, il faut, suivant Rondelet, lui donner un minimum d'épaisseur *d'un douzième* de sa hauteur pour obtenir une solidité suffisante et si l'on veut avoir une grande solidité, il faut lui donner *un huitième* de sa hauteur comme épaisseur à la base.

Quand les murs sont reliés entre eux par des planchers, des charpentes et des *murs de refend*, on peut diminuer considérablement leur épaisseur. Cette épaisseur dépend aussi de la nature des matériaux et des mortiers employés et de certaines circonstances locales : par exemple des vibrations du sol ou des planchers qui sont à considérer dans les bâtiments d'usines, ateliers, chemins de fer, etc.

S'il y a des poussées latérales, l'épaisseur du mur doit être considérablement augmentée ; nous en reparlerons à propos des murs de réservoirs et de soutènement (*Architecture*).

Nous donnons ci-après les épaisseurs usuelles des murs des bâtiments d'habitation :

Murs séparatifs mitoyens : en moellons ou meulières hourdés en mortier de chaux hydraulique, épaisseur à la base 0 m. 50.

Deux propriétaires peuvent s'entendre pour construire ces murs en briques dures, à 0 m. 34 d'épaisseur pour les deux premiers étages et 0 m. 22 au-dessus, ou bien en meulière et chaux hydraulique de 0 m. 44 jusqu'au deuxième étage et au-dessus en briques de 0 m. 22. (*D'après M. Fernoux.*)

Murs des petites maisons d'habitation : 0 m. 40 à 0 m. 35 à la base et 0 m. 22 au-dessus du rez-de-chaussée (pour 2 étages).

Murs en pisé : 0 m. 40 à 0 m. 50.

Murs en pans de bois et torchis : 0 m. 20 à 0 m. 30.

On nomme *mur pignon* celui qui porte les extrémités des faîtages et pannes de la toiture, il se termine en pointe à sa partie supérieure.

On nomme *dosserets* les exhaussements des murs pour recevoir les têtes des cheminées.

On nomme *allèges* ou *soubassements* les parties de murs, généralement moins épaisses que le mur principal, qui remplissent les vides entre deux *jambages* ou *piliers*, par exemple la partie inférieure des fenêtres.

Colonnes, appuis et piles en maçonnerie : dimensions : 0 m. 55 sur chaque face ou 0 m. 50 × 0 m. 70.

Les dimensions ci-dessus varient naturellement selon la charge imposée à la pile par les planchers et murs qu'elle doit supporter.

Classification des murs et leur épaisseur.

Murs de clôture 1/8 à 1/12 de leur hauteur pour l'épaisseur à la base ; l'épaisseur peut être diminuée au fur et à mesure que le mur s'élève en donnant sur chaque parement un *fruit* de 2 à 3 centimètres par mètre. Ainsi un mur de clôture ayant 0 m. 30 à la base et 2 mètres de hauteur n'aura plus que 0 m. 20 d'épaisseur au sommet.

Murs de granges, hangars et remises, couverts d'un toit : 1/12e de la hauteur ; cette épaisseur peut-être réduite à 1/20e de la hauteur si ces murs sont reliés extérieurement par d'autres charpentes à d'autres murs.

Murs d'ateliers, usines, entrepôts de marchandises soumis à de fortes charges et à des vibrations : 0 m. 70 à 0 m. 80 à la base au-dessus de la fondation.

Murs de fondation des maisons de rapport à Paris : 0 m. 75 à 1 mètre pour les murs de face ; 0 m. 60 à 0 m. 80 pour les murs de refend et mitoyens.

Murs des caves et sous-sols : 0 m. 55 à 0 m. 80 pour les murs de face et 0 m. 50 à 0 m. 60 pour les murs de refend.

Murs du rez-de-chaussée : face 0 m. 50 à 0 m. 60, refends, 0 m. 40.

Murs du 1er étage : face 0 m. 40 à 0 m. 50, refends 0 m. 40
à 0 m. 34.

Murs des 2e et 3e étages : face 0 m. 34 à 0 m. 44, refends 0 m. 22
à 0 m. 34.

Murs des 4e, 5e et 6e étages : face 0 m. 34 à 0 m. 40, refends
0 m. 22.

Murs en pierres de taille. — Les pierres de taille
sont celles dont les faces sont dressées ou sculptées
et dont la masse nécessite pour leur déplacement des
forces supérieures à celles d'un homme.

Taille des pierres. — Les pierres de taille sont pré-
parées et dégrossies à la carrière ou dans un chantier
voisin de l'immeuble à construire : cette préparation
est dite *taille sur le chantier* ; elle se fait suivant le
plan d'appareil dressé par l'architecte ou l'*appareilleur*. Certaines parties des pierres sont taillées après
la pose sur le mur : c'est la *taille sur le tas* ; telles sont
les sculptures, les moulures et le *dérasement* des
assises et le *ravalement des parements*, opérations qui
ont pour but de mettre de niveau les pierres d'un
même rang et de dresser exactement les faces d'un
mur construit (1).

L'*épannelage* consiste dans le dégrossissement des
parties où doit travailler le sculpteur.

(1) Les gros blocs de pierre d'un mètre cube et plus sont débités à
la scie : pour les pierres tendres on emploie des scies à dents plus ou
moins fines selon la qualité de la pierre ; pour les pierres dures on
se sert de lames d'acier sans dents que l'on arrose constamment avec
du grès pulvérisé et mouillé d'eau, la pierre est usée par le grès et la
lame d'acier et peut ainsi se trancher (fig. 22).

Certaines machines à trancher les pierres sont constituées par un
fil d'acier sans fin entraîné par des poulies mues mécaniquement : ce
fil tranche la pierre sous l'action de grès pulvérisé et mouillé d'eau.
Ce procédé a donné d'excellents résultats.

Enfin les pierres dures sont sciées au moyen de lames d'acier
armées de diamants (*La Nature*, 20 janvier 1900).

La taille des pierres s'effectue avec le *petit ciseau*
et le *grand ciseau* (0 m. 15 et 0 m. 25 de longueur)
qui servent à faire des entailles ou *plumées* tout autour

Fig. 22. — Scies à débiter les blocs de pierres.

des faces à dresser ; les *poinçons* ou *pointards*, sortes
de broches en acier dur très pointues et carrées à la
pointe, servant à faire les *abatages*, *dégrossissages* et
refouillements ; la *pioche* à *pierre dure* à deux pointes
carrées (longueur totale 0 m. 45) ; *la laye* ou *marteau
bretté* à deux tranchants dentelés ; le *rustique* et la
gradine, sortes de marteaux brettés ; le *marteau à
2 têtes* et le *maillet en bois* pour frapper sur les ciseaux
ou poinçons ; le *têtu*, gros marteau carré d'un bout,
pointu de l'autre, qui sert pour les abatages et les
dégrossissages ; la *boucharde*, marteau dont les têtes
sont formées de pointes de diamant en acier très
dur ; la *ripe*, tige en acier recourbé dentelée d'un
côté et tranchante de l'autre côté, qui sert à donner
le finissage aux surfaces dégrossies et dressées.

Le tailleur de pierres et le maçon se servent de la

règle, de l'*équerre*, de la *fausse équerre* ou *sauterelle*, du *compas* et de *gabarits en bois* pour tracer et diriger leur travail de dressage des faces des pierres de taille.

Notre gravure de la page 75 montre les formes des principaux outils ci-dessus décrits.

L'*ébousinage* consiste dans l'enlèvement des croûtes de pierre mal formée et trop tendre qui recouvrent souvent la pierre saine et dure.

Le *rustiquage* est un dressage fait au *marteau à pointes* ou bien au *marteau bretté* ou *rustique* ; ce dressage laisse apparentes les traces des dents du marteau, ce qui permet au mortier d'adhérer fortement à la pierre. Les lits et les joints sont rustiqués.

Les parements sont dressés puis finis avec le *ciseau*, la ripe et le marteau à pointes de diamant ou *boucharde* ; quelquefois ils sont polis finement au grattoir et à la pierre ponce.

On nomme *abatage* la partie de la pierre enlevée pour former les angles saillants ; *évidement* la partie enlevée pour former les angles rentrants ; *refouillement* la partie enlevée pour creuser les faces de la pierre. Ces travaux sont comptés au temps passé ou bien au mètre cube de masse enlevée et en sus de la taille ordinaire de la pierre.

On nomme *épaufrures* les éclatements qui se produisent aux angles des pierres taillées par suite d'un choc ou par la manœuvre maladroite des pinces, crochets ou élingues qui servent au bardage ou au montage de la pierre sur le mur ; pour dissimuler les épaufrures ou empêcher les pierres de s'*épaufrer*, on taille à la surface de la pierre des *bossages* qui font saillie sur la face du mur. Les bossages à *chanfrein, à pointes de diamant, rustiqués, pointillés* ou *vermiculés* servent de motifs décoratifs aux soubassements, équarris, encadrements, etc.

On dit que les pierres sont taillées en *démaigrissement* lorsque les lits et les joints viennent sous un

Fig. 23. — 1. Bossage à chanfrein.
2. Bossage à griffes.
3. Bossage pointillé à griffes.
4. Vermiculures.
5. Vermiculures et pointillé.
6. Bossage ravalé avec table à relie
7. Petites pointes de diamant.
8. Pointe de diamant simple.

angle un peu aigu se raccorder avec le parement au lieu d'être à angle droit avec ce dernier ; la couche de mortier est ainsi plus épaisse sous les lits et dans les joints qu'à fleur de parement, ce qui permet de rendre presque invisible les joints à la surface extérieure du mur. Il ne faut pas exagérer le démaigrissement qui nécessite des joints trop garnis de mortier et susceptibles de se tasser fortement.

On imite sous le nom de *vermiculures* l'aspect des pierres rongées par le temps ; la façade du Louvre sur le quai présente de vastes applications de cette décoration.

Plan d'appareil. — La disposition des pierres d'un édifice se fait suivant un plan ou projet dessiné avec soin et nommé *plan d'appareil*, qui est fait par un chef ouvrier appelé *appareilleur* ; c'est lui qui choisit les pierres en carrière, qui en trace et en dirige la taille, qui fait les *panneaux en bois* ou *calibres* d'après lesquels sont coupées les grosses pierres de taille, qui dirige enfin la pose et le raccordement des pierres sur les murs.

L'*appareilleur* doit connaître la géométrie pratique, la nature et les propriétés des pierres et savoir les employer au mieux pour éviter le gaspillage des matériaux et réaliser la solidité de l'ouvrage.

Le plan d'appareil comporte des parties de murs en *pierres de taille*, en *moellons*, en *meulière*, en *briques* et *poteries ;* nous allons décrire successivement le mode d'emploi de ces divers matériaux.

On considère dans une pierre les *lits* qui sont les

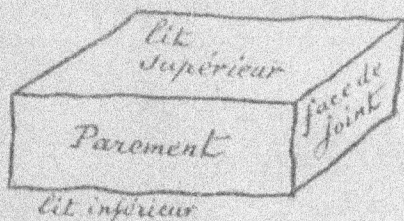

Fig. 24.

faces supérieure et inférieure de la pierre et qui correspondent aux couches ou lits de la carrière d'où la pierre est extraite; les *joints montants* sont les faces latérales de la pierre et le *parement* la face qui est visible à l'extérieur du mur ; la *queue* est la longueur de la pierre perpendiculairement au parement.

Les faces latérales ou verticales de la pierre sont aussi nommées *faces jointives* ou *joints.*

Selon leur largeur et leur longueur les pierres se nomment : *carreaux* ou *carrotins* quand elles sont peu épaisses et que leurs dimensions ne dépassent pas 1 mètre sur 40 à 50 centimètres de largeur ; au-dessous de 0 m. 40 en carré, ce sont des *moellons*, au-dessus ce sont des *pierres de taille* proprement dites.

On nomme *hauteur d'assise* l'épaisseur d'une rangée de pierres dans un mur. Cette hauteur doit toujours être inférieure à la dimension horizontale du parement dans chaque pierre ; pour une pierre tendre la longueur du parement ne doit pas être plus de deux fois et demi la hauteur d'assise et pour une pierre dure pas plus de trois fois et demi cette hauteur ; la hauteur d'assise doit être rigoureusement la même dans toute la longueur d'une rangée afin que l'aspect en soit agréable, que la liaison des pierres se fasse convenablement et qu'il en résulte un tassement régulier dans toute la longueur du mur.

Différentes manières de poser les pierres sur le mur. — Une pierre ou brique est posée *à plat* lorsque la

Fig. 25. — p panneresses.
B boutisses.
P parpaings.
B blocage.

hauteur d'assise est moindre que les autres dimensions de la pierre ; elle est posée sur *champ* dans le cas contraire.

On dit aussi que les pierres ou briques posées à plat et en longueur sur le parement du mur sont

panneresses ; elles sont *boutisses* lorsque le parement
a une petite surface relativement à la queue ; elles
forment *parpaing* quand elles traversent toute l'épaisseur du mur et forment parement de chaque côté de ce
mur ; les petites pierres employées pour combler les
vides entre les grosses se nomment *remplissage, gar-
nissage* ou *blocage*.

Les conditions nécessaires à la solidité d'un mur
sont : 1° que les pierres aient des faces plutôt creuses
ou *concaves* que bombées ou *convexes*, de façon que
le mortier reste entre les pierres.

2° Que les pierres formant le mur soient entrecroisées entre elles de façon à former *liaison* dans

Fig. 26. — Opus reticulatum.

toutes les parties du mur et spécialement dans les
angles ou *équarris* et aussi bien dans le sens de la
longueur que d'un parement à l'autre.

A l'effet de réaliser ces deux conditions, les pierres

sont taillées, même lorsqu'il s'agit des plus ordinaires, grossièrement avec le têtu ou le marteau tranchant pour enlever le *boussin* ou croûte tendre et irrégulière qui recouvre souvent la pierre et surtout le moellon : cette opération se nomme *ébousinage* ; dans la taille on fait en sorte d'enlever les parties convexes des lits d'assise ; la manière de disposer les pierres ou les briques sur le mur s'appelle comme nous l'avons déjà dit l'*appareil* des pierres ou des briques.

Depuis les Grecs et les Romains on emploie sept manières d'arranger la maçonnerie.

La première est l'*opus reticulatum* (fig. 26) ou maçonnerie *maillée* ; elle se compose de pierres formant toutes parpaing sur le mur, carrées de section, avec les joints obliques par rapport à la verticale ; ce dispositif employé par les Romains est agréable à l'œil mais sujet à se fendre par glissement des blocs les uns sur les autres.

La deuxième est la maçonnerie dite en *liaison* ou *opus insertum* (fig. 31) dans laquelle les pierres sont posées de façon que le joint montant de deux pierres d'une assise arrive toujours au milieu de la pierre de l'assise supérieure.

La troisième, que le célèbre architecte romain Vitruve dit être particulière aux Grecs, consiste à mettre successivement deux pierres panneresses formant parement de chaque côté du mur et une pierre formant parpaing ; en croisant les joints d'une assise avec les joints de l'assise suivante on obtient ainsi une *double liaison* qui donne une grande solidité au mur (Fig. 27).

La quatrième ou appareil *isodomum* est constituée par des pierres égales en toutes dimensions, formant toutes parpaing et à joints croisés ; les hau-

teurs d'assises sont toutes égales entre elles. Cette
maçonnerie est d'un bel aspect par sa grande régularité (Fig. 28).

La cinquième est appelée *Pseudisodomum*; elle est

Fig. 27.

Fig. 28.

Fig. 29.

semblable à la précédente, mais les assises successives
sont de hauteurs différentes.

La sixième ou maçonnerie dite *Emplecton* par les
Anciens, consiste dans des pierres formant parement, boutisses ou panneresses, à joints entrecroisés,

mais laissant entre elles au milieu du mur des espaces remplis de *garnis* ou *blocage* et de mortier (Fig. 29).

Enfin la septième manière de bâtir indiquée par Vitruve consiste à former deux parements avec des pierres brutes ou taillées et à remplir l'espace existant au milieu du mur par un blocage de garnis et de mortier en ayant soin de réunir entre eux les blocs parements de loin en loin avec des crampons de fer scellés au plomb : ce procédé employé jadis pour la construction de murs très épais est abandonné de nos jours.

En outre de ces manières d'employer les pierres ou briques pour la construction d'un mur, on distingue :

Les *pierres de grand appareil* ayant au moins 0 m. 40 de hauteur d'assise et 0 m. 70 de longueur.

Les pierres de *moyen appareil* ayant entre 0 m. 30 et 0 m. 70 de longueur.

Les pierres de *petit appareil* ayant moins de 0 m. 30 de longueur.

Le petit *appareil allongé* est composé de pierres ayant moins de 0 m. 15 de longueur et une hauteur encore au-dessous de 0 m. 15.

Des pierres qui présentent une face carrée et une autre rectangulaire de longueur double de la première permettent de faire un mur très régulier en posant une pierre en boutisse formant parpaing et deux en panneresses ; c'est le cas des briques ; la face rectangulaire est alors dite *barlongue*. Lorsque de telles pierres sont entrecroisées deux à deux elles sont dites en *besace*, ce qui est utile dans la liaison des murs perpendiculaires de refend ou d'équarris formant les angles des bâtiments (Fig. 30).

Liaison des murs entre eux. — On dit qu'une pierre

forme *harpe* lorsqu'elle dépasse l'alignement d'un mur pour pénétrer dans un autre mur qu'elle relie au premier (Fig. 31).

Les pierres formant *harpe* sont employées soit pour réunir deux murs en prolongement l'un de l'au-

Fig. 30.

Fig. 31.

tre, soit pour la construction des équarris ou pour relier un mur de refend à un mur de face ; dans la construction des équarris ou angles des murs, les pierres formant harpe ont la forme d'une équerre dont chacune des branches pénètre dans un des murs (Fig. 31).

Quand on construit une maison on laisse à l'extrémité des murs de face des *harpes* d'attente ou *arrachements* qui serviront à relier à cette maison l'immeuble contigu qui sera construit plus tard.

Quand on veut relier un mur déjà construit à un mur neuf, on arrache des pierres du mur ancien et l'on fait pénétrer les pierres du mur neuf dans les trous ainsi formés ; cette opération est dite *jeter harpe* d'un mur sur l'autre.

Souvent les murs sont reliés les uns aux autres ou avec les charpentes par des barres de fer nommées *chaînes*. Cette précaution est prise quand les murs doivent recevoir de fortes charges ou bien des poussées latérales. Les chaînes sont ancrées et scellées dans la masse de la maçonnerie, ou mieux, traversent le mur et sont serrées extérieurement par un écrou ou bien une clavette sur des contreplaques en fonte de surface et d'épaisseur appropriées. Nous en reparlerons aux volumes *Charpentes en bois et en fer*.

Bardage. — Le *bardage* est le transport des pierres depuis le chantier de taille jusqu'à pied-d'œuvre.

Fig. 32. — Civière.   Fig. 33. — Diable.

Les petites pierres sont transportées à bras par 2 ou 4 hommes sur une civière ou *bard*. Quand leur poids dépasse 150 ou 200 kilos environ, on les transporte avec un *chariot* ou *diable* à deux roues larges et basses et un timon tiré par 2 ou 4 hommes qui sont aidés au besoin par un cheval. Pour charger la pierre sur le *diable*, on dresse celui-ci contre le

pied de la pierre que l'on fait *verser* sur la plate-
forme du chariot ; on rabat alors celui-ci horizon-
talement en maintenant la pierre contre la plate-
forme qui la soulève de terre. Quand la pierre est
tendre on place un paillasson entre le *diable* et la
pierre. Quand la pierre est sur la plate-forme on la
fait glisser jusqu'au milieu en frappant le timon à
terre.

Les grosses pierres sont transportées sur un chariot
à quatre roues larges et basses nommé *binard* et
traîné par un ou plusieurs chevaux, sur lequel elles
sont chargées avec des plans inclinés et des rouleaux
ou bien avec une grue ou chèvre puissante.

Les pierres de taille sont déchargées ensuite avec
précaution sur des paillassons ou des rouleaux en
paille, puis conduites à pied-d'œuvre sur des *roules*
en bois de forme ovoïde qui permettent de changer
aisément la direction du transport. Les *roules* servent
aussi à conduire la pierre à la place qu'elle doit occuper lorsqu'elle est montée *sur le tas*, mais ici on
place sous les roules des plateaux en bois qui servent par le fait de rails ou chemins de roulement.

Pour manier les grosses pierres on se sert de
la *pince* ou levier en fer aciéré de chaque bout et du
cric à engrenages en ayant soin d'interposer des
planchettes ou des torches de paille aux endroits où
l'on attaque la pierre avec l'acier.

(Voir page 75 la gravure des outils de maçon).

Montage ou descente. — En sous-sol il faut descendre les pierres et au-dessus du sol il faut les élever
jusqu'au-dessus du mur en construction. Ces opérations se font au moyen de *chèvres*, de *grues* à bras
ou à vapeur ou bien de *sapines* formées de quatre
mâts en sapin, de la hauteur du futur bâtiment,

reliés entre eux par des entretoises, traverses et croix de Saint-André et munis en bas d'un *treuil d'applique à bras* ou à force motrice quelconque.

Pour accrocher la pierre à la chaîne ou à la corde

Fig. 34. — Grue à vapeur.

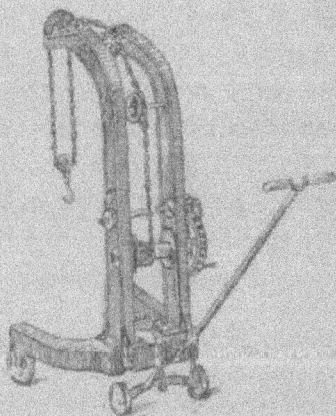

Fig. 35. — Grue à bras.

Fig. 36. — Treuil pour placer au sommet des sapines.

du palan ou du treuil, on l'entoure d'une corde sans fin doublée sur elle-même et nommée *élingue* ou *braye*, en plaçant des paillassons entre les cordes et

les angles de la pierre pour empêcher les *épaufrures*.
Les élingues sont souvent formées d'une multitude
de cordelettes réunies ensemble par des ligatures
de distance en distance, ce sont les *brayers en cordes*
qui prennent un large contact avec les angles de la

Fig. 37 et 38. — Treuils à simple engrenage et à double engrenage
se fixant en bas des chèvres ou sapines.

pierre et ne les fatiguent pas autant qu'une grosse
corde ; on peut aussi se servir de la *pince articulée*
représentée sur notre gravure des outils du maçon (6),
on y voit aussi en 7 la *louve* qui s'introduit dans un
trou en *queue d'aronde* pratiqué dans le lit supérieur
de la pierre ; la louve est usitée pour lever les pierres
dures. Pour les pierres tendres on emploie le *piton
à vis* qui se visse dans un trou pratiqué au préalable
dans la pierre ; ce piton à vis porte à sa tête un anneau
qui vient s'accrocher à la chaîne du treuil.

Pose des pierres de taille. — Il faut d'abord *présenter* la pierre à la place qu'elle doit occuper en la
posant sur des cales en bois dur ou en plomb qui

ont l'épaisseur du joint de mortier qui sera fait plus tard, soit 4 à 10 millimètres. Si la pierre se présente bien on la soulève avec la grue ou bien on la renverse sur le côté en lui faisant *faire quartier* selon l'expression des ouvriers. On mouille l'assise supérieure du mur et toutes les parties jointives de la pierre à poser, puis on place un lit de mortier gâché soigneusement avec du sable tamisé sans cailloux qui pourraient gêner l'aplomb de la pierre ; on met un peu plus épais de mortier que la hauteur des cales, puis on fait retomber la pierre sur le lit de mortier ; on la frappe avec un pilon en bois et le mortier comprimé sort de tous côtés ; on dit que le mortier *souffle*, ce qui est un indice que le joint est bien garni sur toute sa surface ; on peut alors retirer les cales qui sont le plus souvent abandonnées dans le mortier, surtout si, pour éviter les épaufrures, on a placé ces cales en retrait du parement de la pierre.

Quelques maçons se bornent, après avoir posé la pierre sur des cales, à faire pénétrer du mortier dans

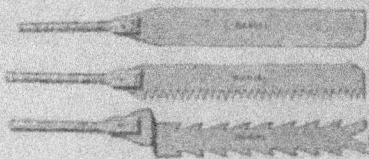

Fig. 38. — Fiches.

le joint au moyen du tranchant de la truelle et ensuite de la *fiche à dents* représentée ci-contre ; ce procédé n'assure pas une bonne pénétration du mortier sur toute la surface du joint et il ne doit être toléré que pour les joints *montants* ou verticaux.

Un autre moyen expéditif consiste à faire le joint tout autour de la pierre avec du mortier assez dur et à couler du plâtre clair ou *coulis* par une ouverture que l'on a ménagée dans une face du joint, mais il faut remarquer que le coulis de plâtre ne devient jamais aussi dur que du bon mortier et qu'en outre on n'est pas assuré que le plâtre a bien garni tout le joint ; ce procédé est donc peu recommandable.

On dit qu'une pierre fait *balèvre* quand elle dépasse le plan du mur, ce qui nécessite une retaille coûteuse, ou *ravalement* de la surface ; une bonne pose doit éviter ce cas.

Quand la pierre est en place, on garnit, s'il y a lieu, la queue et les espaces compris entre elle et les pierres voisines, au moyen de petites pierres et de mortier.

La pose des pierres sous l'eau se fait avec du ciment à prise rapide et sur cales de plomb, car les cales en bois gonfleraient inégalement au contact de l'eau.

Finition du mur. — Quand une assise est terminée, on fait le *dérasement* ou *arasement* qui consiste à mettre l'assise plane et de niveau. Quand le mur est terminé, on fait le *ravalement* et le *regrément* des surfaces intérieures et extérieures, puis le *rejointoiement* qui consiste à dégrader le mortier des joints, à y couler un peu de mortier fin et frais que l'on comprime et que l'on *cire* avec un fer ou *tire-joints* (voir figures 20, 57) que l'on peut guider avec une règle pour obtenir des joints bien droits.

Les quantités de mortier nécessaires à la pose des pierres de taille sont, par mètre cube de maçonnerie :

Pour libages en fondations .... 90 litres
Pour assises de 40 à 80 centimètres de haut.. 60 à 70 litres
Pour assises de petit appareil .... 80 litres
Pour les voûtes........................... 100 —
Pour la pose des dalles et marches d'escalier . 160 à 200 litres

La pose des pierres de taille nécessite généralement quatre ouvriers formant équipe ou brigade :

  1 poseur ;
  1 contre-poseur ;
  2 aides ou garçons.

Voici, d'après MM. Claudel et Laroque, le temps employé par cette *brigade* pour exécuter un mètre cube des divers genres de maçonnerie en pierre de taille :

Ouvrages ordinaires, parements de murs, chaînes, parpaings, parapets, cordons, etc.	4 heures
Assises en reprises, plates-bandes droites, voûtes en berceau	5 —
Assises en reprises, par petites parties, dans l'embarras des étais	7 1/2
Voûtes en arcs de cercle, voûtes d'arête, voûtes sphériques ou calottes	10 —
Morceaux posés par incrustement	15 —

Pose par un maçon avec son garçon

Libages, auges, bornes et autres ouvrages semblables	11 heures
Seuils, marches, appuis, caniveaux	27 —
Dalles de 0,08 à 0,10 d'épaisseur par mètre superficiel...................................	1 1/4

Constructions en moellons et pierres meulières. — Les *moellons* sont les pierres qu'un homme peut soulever et placer sur le mur sans le secours d'un aide ni d'appareils de levage. Toutes les carrières fournissent des moellons qui ne sont, en somme, que des pierres de *petit appareil* Selon leur qualité de dureté, les moellons sont dits de *roche*, de *banc franc* ou *tendres* (voir à ce sujet la classification que nous avons donnée des carrières de pierre).

Selon le façonnage de taille qu'ils reçoivent, soit

sur le chantier, soit *sur le tas*, au fur et à mesure de la construction du mur, les moellons sont dits :

Bruts ou *limousinage* quand ils sont employés sans taille préalable ; le maçon se borne alors à les *ébousiner* légèrement et à les choisir d'épaisseur sensiblement égale pour former les assises successives du mur.

Ébousinés quand ils sont taillés grossièrement avec le têtu au fur et à mesure de l'emploi par le maçon.

Smillés ou *rustiqués* quand les faces jointives et le parement sont dressés perpendiculairement et assez grossièrement avec le têtu, le rustique ou la laye.

Ces moellons présentent encore des *flaches* ou manque de matière à cause de leur taille grossière.

Piqués lorsque la taille est plus soignée, que les arêtes sont vives et qu'ils ne présentent plus aucune flache sur le parement où l'on ne doit voir que la trace des pointes du marteau.

Enfin les *moellons d'appareil* ont leur parement parfaitement dressé, les arêtes vives, les angles corrects, ce sont véritablement de petites pierres de taille.

On construit des murs en moellons pour toutes les parties des bâtiments : clôtures, soutènements, fondations, murs de caves, murs de face et de refend avec ou sans enduit ; en ce dernier cas, les moellons sont jointoyés avec du mortier et les joints peuvent être cirés et tirés droits comme pour la pierre de taille.

M. Devillez, dans son excellent traité des *Constructions civiles*, indique ainsi le mode d'emploi des moellons :

On suit, pour la disposition des moellons dans les murs, des règles analogues à celles que nous avons décrites au sujet du placement des pierres ; il faut que les éléments du mur se relient aussi bien dans le sens de l'épaisseur que dans le sens de la longueur, et

qu'aucune fissure ou lézarde ne puisse se produire en
aucun sens, sans que les pierres de l'une des parties
qui se séparent de l'autre soient violemment arrachées
des intervalles entre les pierres de l'autre partie.
(Fig. 39).

Pour cela, les murs sont construits par assises ou
par couches horizontales de pierres à peu près de

Fig. 39

même épaisseur ; dans une même assise, on place
pour les parements un moellon court appelé *carreau*, à
côté d'un long nommé boutisse, en évitant de faire
les joints continus, suivant l'épaisseur ; puis, dans
les assises superposées, on évite de faire les joints
montants d'une assise au-dessus des joints de l'assise
sur laquelle elle repose. Tous les moellons se placent
à la main, sur bain de mortier, et le maçon frappe
dessus avec son marteau pour faire souffler le mortier
dans tous les sens, en évitant de donner une trop
grande épaisseur aux joints. Quand les moellons principaux sont posés, suivant les règles que nous venons
d'exposer, on garnit tous les vides d'éclats de pierre
et de moellons plus petits noyés dans le mortier, de
manière à rendre à peu près horizontale la partie supérieure de l'assise que l'on prépare ainsi pour recevoir
l'assise suivante. On consolide beaucoup les maçonneries de moellons en plaçant de distance en distance
dans les assises, de longues pierres que l'on nomme
parpaings et qui occupent toute l'épaisseur du mur, et

en plaçant à la hauteur du plancher de chaque étage, une assise en pierres de taille formant une chaîne horizontale dont on peut relier les éléments les uns aux autres à l'aide d'agrafes en fer ; puis, pour éviter l'écartement ou le rapprochement des murs parallèles par suite des irrégularités de tassement, on y ancre solidement les poutres qu'ils supportent et qui forment alors une espèce de fourrure qui en maintient l'écartement invariable.

Quand ces maçonneries ne sont pas destinées à être recouvertes d'un enduit, il faut rejointoyer ou cirer les joints. Le cirage consiste à comprimer fortement et à frotter avec une espèce de très petite truelle très raide, le mortier qui souffle dans les joints des parements, lorsque ce mortier est arrivé à la consistance de pâte très dure. Le rejointoiement se fait en refouillant les joints des parements après la construction et en remplaçant le vieux mortier par du mortier frais de bonne qualité et plus ou moins hydraulique. Cette opération doit se faire, autant que possible, par un temps humide et sombre, pour éviter une trop rapide dessiccation du mortier, et celui-ci doit être d'autant plus hydraulique que l'on approche davantage de l'hiver, parce qu'il doit avoir fait prise avant les gelées, sans quoi il pourrait être profondément altéré par des froids trop intenses.

Un bon cirage fait en son temps vaut, au moins, un rejointoiement et coûte moins cher.

Parfois, pour donner à certaines constructions un aspect rustique qui plaît aux yeux dans quelques cas particuliers, on les exécute avec des pierres meulières brutes que l'on place très régulièrement, en remplissant les joints avec de petits morceaux de la même pierre brûlée et concassée. On relie tous ces fragments avec du ciment romain auquel on a donné, à l'aide

d'une substance colorante, la teinte rouge de la
meulière brûlée; on donne à ce genre de maçonnerie
le nom de rocaille (Fig. 40).

Enfin, on fait quelquefois des maçonneries en
moellons sans mortier, nommées maçonneries en

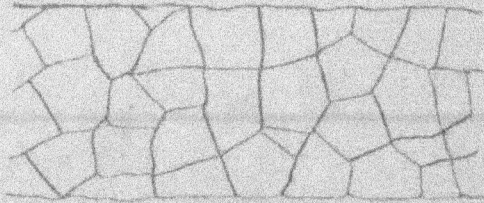

Fig. 40.

pierres sèches. Il faut, évidemment, pour cela, des
matériaux bien gisants et présentant une certaine
stabilité lorsqu'ils sont en place. On ne construit
guère ainsi que quelques murs de clôture à la cam-
pagne, des murs de terrasse dont on augmente la
résistance à la poussée transversale en les inclinant
du côté des terres à soutenir et, quand on les fait verticaux, il faut leur donner, à la base, une épaisseur
d'au moins un tiers de la hauteur de la terrasse. Les
murs en pierres sèches, inclinés, sont aussi très fré-
quemment employés, sous le nom de perrés, à garan-
tir des affouillements les rives des rivières navigables.

Quand on fait, avec des moellons, des voûtes de
cave, de ponts d'une faible portée, ou des voûtes pour
tout autre usage, il faut, comme pour les murs verticaux, que dans chaque cour d'assise les moellons
soient posés alternativement en carreaux et boutisses et, lorsque la voûte a plusieurs moellons d'épaisseur, que les moellons d'intrados et d'extrados soient
reliés par les moellons intermédiaires; de plus, les
moellons composant une même assise doivent aug-

menter d'épaisseur de l'intrados à l'extrados, pour que le lit de mortier soit d'épaisseur uniforme et dirigé vers le centre de la courbe (Fig. 41).

Les voûtes, pour être solides, doivent être généralement en plein cintre, un peu surbaissées.

On élève leur maçonnerie des deux côtés à la fois pour que les poussées sur le cintre se fassent équilibre

Fig. 41.

et ne le déplacent pas, et aussi pour que les mortiers prennent la même consistance des deux côtés et que le tassement se fasse symétriquement. Quand ces voûtes sont construites de part et d'autre du cintre jusqu'à ce qu'il ne reste plus que trois assises à poser, on place de part et d'autre des moellons formant parement intérieur, s'appuyant sur le cintre et les plus longs que possible ; ces moellons sont posés avec soin, affermis à coups de marteau sur un bain de mortier soufflant dans tous les sens. Il ne reste plus alors à placer que les moellons de la clef, ce qui se fait de la manière suivante : On couvre de mortier les têtes des joints des deux dernières assises, puis on introduit, entre ces assises, des moellons en forme de coins formant clef de voûte et ne s'appuyant pas sur le cintre ; on les enfonce ensuite à coups de masse ou de dame jusqu'à ce qu'ils viennent reposer sur ce cintre en faisant souffler le mortier de tous côtés. On nomme cette opération bander la voûte et on la commence à une extrémité de cette voûte en la continuant de proche en proche jusqu'à l'autre extrémité. Lorsque la voûte est bandée ainsi, on chasse à coups de marteau des éclats de pierre dans tous les joints à l'extérieur de la voûte ou à l'extrados, puis on laisse le mortier durcir pendant quelques jours avant d'enlever le cintre.

En été, si les moellons sont secs, il faut les humecter en les arrosant avec un arrosoir à pomme percée de petits trous ou bien en les aspergeant avec un pinceau trempé d'eau afin qu'ils prennent mieux avec le mortier.

La meulière est souvent terreuse ; en ce cas, il faut la nettoyer avec une brosse en fils de fer ou même par un lavage à l'eau courante si l'on en a à sa disposition, car la terre empêche la bonne adhérence du mortier.

Les moellons et meulières sont dits *hourdés* en mortier de chaux, vive ou hydraulique, en mortier de ciment ou en plâtre selon le genre de mortier employé à leur liaison.

Les murs en moellons se font à partir de 0 m. 30 d'épaisseur jusqu'à 0 m. 60 pour les bâtiments ordinaires et en toutes épaisseurs pour les fondations et murs de soutènement.

Les quantités de mortier ou de plâtre gâché à prévoir pour l'emploi des moellons sont, par mètre cube de maçonnerie terminée :

Pour murs en moellons bruts........   0 mc. 350 à 0 mc. 400.
Pour murs en moellons smillés ou piqués   0 mc. 250 à 0 mc. 330.
Pour murs en moellons d'appareil ...   0 mc. 200 à 0 mc. 250.

Voici, d'après MM. Claudel et Laroque, le temps employé pour exécuter un mètre cube des diverses maçonneries en moellons :

Massifs, blocages et remplissages des reins de voûtes, sans aucun ébousinage de moellons	3 heures
Murs de fondations, de terrasses, au-dessus de 0 m. 30 d'épaisseur, sans parements, en moellons ébousinés, bloqués le long des terres.	4 —
Les mêmes murs au-dessus de 0 m. 30	5 —
Voûtes et murs de caves et clôtures à deux parements en moellons smillés, 0 m. 40 d'épaisseur ...	5 —
Les mêmes au-dessous de 0 m. 40	6 —
Parements de voûtes	11 —
Murs en élévation en moellons ébousinés pour être ensuite enduits, jusqu'à 3 mètres de hauteur, construits entre deux lignes et d'au moins 0 m. 40 d'épaisseur	6 —
Les mêmes de 3 à 8 mètres de hauteur............	8 1/2
Murs comme ci-dessus mais élevés au fil à plomb, jusqu'à 3 mètres de hauteur	9 —
De 3 à 8 mètres de hauteur	12 —
Murs en moellons piqués, bâtis avec soin, les moellons étant servis tout piqués au maçon	11
Murs en pierres sèches pour perrés	4 —

Constructions en briques. — Les briques, à cause de leur forme régulière et de leur légèreté, permettent d'exécuter facilement toutes sortes de travaux de maçonnerie qui sont aussi solides que ceux en pierre, lorsque l'on a soin de choisir des briques faites en bonne terre, homogènes et convenablement cuites ; les briques de bonne qualité en terre cuite ou en ciment, sont convenables même pour les travaux souterrains ou sous l'eau.

On amène les briques à pied d'œuvre dans des tombereaux que l'on bascule pour les décharger, ce qui a l'inconvénient de casser un certain nombre de briques : pour l'éviter, il faut décharger les briques à bras d'homme.

Si les briques sont sèches, il faut les arroser copieusement en tas ou les faire tremper quelques minutes dans un cuvier à demi plein d'eau, car les briques sèches prennent mal avec le mortier dont elles absorbent l'eau trop rapidement.

Les briques s'emploient avec toutes les sortes de mortiers : plâtre, chaux vive ou hydraulique, ciments, terre argileuse et *terre à four*, ceci dans le cas de constructions de fours, poêles, etc.

Pour qu'une maçonnerie de briques soit bonne, il faut que les briques humectées soient posées à *bain de mortier* avec des joints n'excédant pas 6 à 7 millimètres d'épaisseur et que chaque brique ait été *frottée* sur le mortier en la posant, appuyée avec la main et affermie en place, en la frappant avec le manche de la truelle ou même avec un marteau léger.

Il faut que tous les joints de briques soient entrecroisés de façon à former *liaison* dans tous les sens. Les assises de briques sur le mur sont appelées *tas* par les ouvriers maçons.

Quand le mur en briques est terminé, il peut recevoir un enduit quelconque ou, s'il n'est pas trop exposé à l'humidité, rester en *briques apparentes* dont les joints sont alors *refouillés* et *rejointoyés* ou *cirés* comme il a été dit pour les maçonneries de moellons ; on fait aussi des joints saillants, dits *joints à l'anglaise*.

Appareils des briques. — Le *galandage* est un mur mince composé de briques posées sur champ, il a donc entre 5 et 7 centimètres d'épaisseur ; on le fait en briques pleines ou creuses, entre poteaux de bois ou de fer pour les séparations des caves, des magasins et des pièces d'appartement où il est souvent remplacé par un galandage en carreaux de plâtre. Depuis quelques années, on emploie des galandages en briques

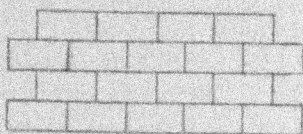

Fig. 42.

creuses entre poteaux en fer à I pour les clôtures rurales économiques. Un *galandage* ne doit jamais être chargé d'un plancher (Fig. 42).

Les *cloisons* sont composées d'un rang de briques sur plat, soit environ 0 m. 11, enduits en plus ; les briques sont toutes *panneresses* et leurs joints entre-croisés. Une cloison de 11, dite d'une *demi-brique* d'épaisseur, peut porter un plancher très léger à con-

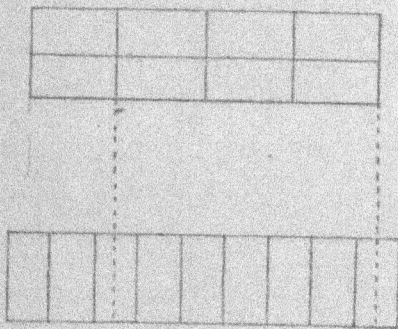

Fig. 43.

dition que la hauteur de la cloison n'excède pas 2 m. 50 à 3 mètres et que la portée du plancher soit assez petite pour que les solives ne soient pas soumises à des flexions qui ébranleraient la cloison de demi-brique.

Les *murs de 22* ou d'une *brique d'épaisseur* sont

composés de briques boutisses à joints croisés *ou mieux*, de briques boutisses et panneresses alternées et à joints croisés, disposées comme le montrent les figures 43 et 44.

Les joints d'une assise doivent se croiser avec les joints de l'assise précédente et de l'assise supérieure.

Fig. 44.

Les murs de 35 ou *d'une brique et demie* sont composées d'assises formées de boutisses et de panneresses dont toutes les combinaisons sont acceptables pourvu qu'elles réalisent toujours le croisement des joints dans les assises et d'une assise à l'autre, comme le montrent les figures ci-après.

Les murs de 46 ou de *deux briques*, y compris l'épaisseur des joints, les murs de 67 ou de *trois briques* sont construits suivant les règles ci-dessus.

Les briques de couleurs différentes : blanches,

Rangs impairs.   Rangs pairs.
Fig. 45. — Equarris de murs d'une brique et demie

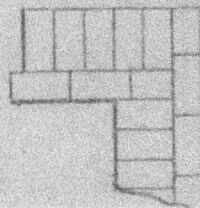

jaunes, rouges, noires ou émaillées de couleurs vives se prêtent à toutes sortes de combinaisons décoratives en permettant de faire sur le parement du mur des dessins colorés et variés par le simple changement

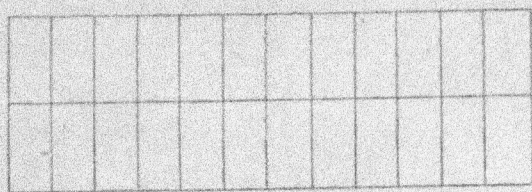

Rangs impairs.

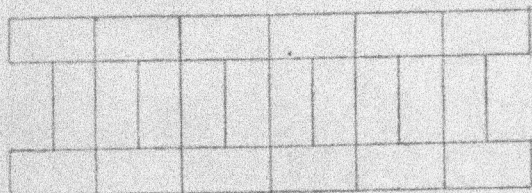

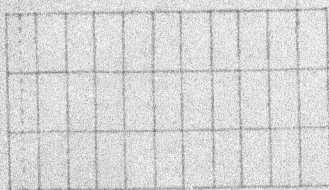

Rangs pairs.
Fig. 46. — Mur de deux briques, épaisseur 0 m. 46.

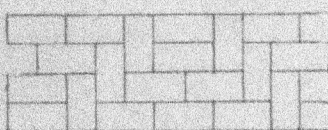

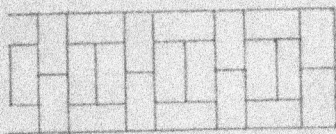

Fig. 47 et 48. — Divers dispositifs des rangs de briques
pour murs de 0m46

Rangs impairs.

Rangs pairs.

Fig. 49. — Mur de 3 briques, épaisseur 0 m. 67.

de l'appareil des boutisses et des panneresses que l'on
choisit de couleurs appropriées au résultat à obtenir.

Dans les constructions en briques, on assure la

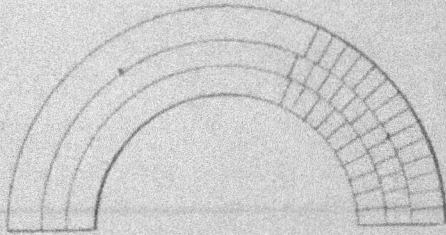

Fig. 50. — Voûte en briques.

Fig. 51. — Plate-bande ou linteau en briques.

liaison des angles et des murs de refend simplement
par le croisement des joints des briques des diverses
assises qui doivent se continuer d'un pan de mur sur
l'autre (Fig. 45).

Pour la pose des portes et fenêtres, on réserve une
feuillure dans les pieds droits des murs en briques en
laissant dépasser une longueur suffisante des briques
panneresses sur l'un des côtés du mur.

Les voûtes en briques se construisent comme celles en moellons, en ayant soin de croiser les joints d'un rang à l'autre ; ces voûtes se font aussi bien avec les briques sur plat que sur champ ou en bout selon la charge que doit supporter la voûte (Fig. 50).

On se sert aussi des briques pour faire des dallages communs ; en ce cas on emploie les briques sur

Fig. 52. — Mur en briques avec terminaison en talus.

champ ou sur plat selon que l'on désire un sol plus ou moins résistant ; les briques sont alors posées sur bain de mortier de chaux hydraulique et les joints remplis de mortier de chaux hydraulique ou de ciment portland. On peut obtenir avec les briques des dessins de dallages comme le montre la figure 53.

Murs creux en briques. — La brique se prête bien à la construction de murs creux qui sont économiques et légers à cause du peu de matériaux qu'ils exigent, mais qui restent cependant insonores et bons protecteurs du froid et de la chaleur à cause de l'épaisseur

qu'ils ont et du matelas d'air qu'ils enferment ; ces
murs peuvent contenir des canaux de circulation

Fig. 53.

d'air ou d'eau chaude qui assurent d'une façon invisible le chauffage des appartements.

Les dispositifs permettant de construire les murs
creux en briques ordinaires reposent sur la combi-

Fig. 54.

Fig. 55.

naison des briques disposées en *boutisses* et en *panneresses*, de façon à laisser au milieu du mur un vide
qui peut atteindre 25 à 30 pour cent du cube total de
cette maçonnerie ; la seule condition à observer est
que les joints des briques soient entrecroisés dans

chaque assise et d'une assise à l'autre ; nos gravures montrent quelques-uns de ces dispositifs. Aujourd'hui, la fabrication des briques creuses faites à bon marché permet de construire des murs légers et économiques aussi avantageux que les précédents. Il faut se rappeler que les murs creux ne peuvent supporter que des charges relativement faibles, c'est-à-dire en rapport avec la surface réduite de leurs sections de matière résistante (Fig. 54 et 55).

Quantités de briques et de mortier ou plâtre employées pour les diverses maçonneries.

Cloisons de 0 m. 055 d'épaisseur :
      en briques de 55 × 11 × 22
      par mètre carré : 38 briques.
               15 litres de mortier.

Cloisons de 0 m. 11 d'épaisseur :
      par mètre carré : 75 briques.
               30 litres de mortier.

Murs de 0 m. 22 d'épaisseur :
      par mètre carré : 145 briques.
               55 litres de mortier.

Murs au-dessus de 0 m. 22 d'épaisseur, par mètre cube de maçonnerie :
en briques 55 × 11 × 22   630 briques.
                         200 litres de mortier.
en briques 65 × 11 × 22   560 briques.
                         185 litres de mortier.

Maçonneries mixtes. — Elles sont formées de matériaux divers, pierres de taille, briques et moellons, employés convenablement pour réaliser une économie dans la construction du mur, en même temps qu'une certaine variété décorative.

Quelquefois les pierres de taille sont posées en *parement* d'un mur dont l'intérieur est en moellons bruts ou en briques ; dans ce cas, les pierres de taille doivent présenter des *queues* qui se relient au blocage de moellons; il est même nécessaire de poser de place en place des pierres de taille formant *parpaing* pour bien assurer la liaison du mur.

Le plus souvent les pierres de taille sont employées pour former le *soubassement* et les angles ou *équarris* du mur, ainsi que des *piles verticales* et des *chaînes*

Fig. 56. — Équarris et chaînes en briques dans un mur de moellon.

horizontales ou *bandeaux*, les intervalles ou *trumeaux* étant remplis par une maçonnerie de moellons, de briques ou de meulière rocaillée. On obtient ainsi un ensemble varié économique et agréable à l'œil, présentant une grande solidité à cause de la liaison formée par les assises en pierre de taille. Il faut observer que les équarris et les chaînes ou piles verticales doivent présenter des *déharpements* pour se relier convenablement à la maçonnerie de moellons ou briques : à cet effet, ces piles sont composées de pierres de taille alternativement longues et courtes, la base étant constituée par une pierre large et longue.

L'inconvénient des maçonneries mixtes réside dans l'inégalité de tassement des divers matériaux : en effet, la maçonnerie de moellons ou briques comporte davantage de joints que celle en pierres de taille et il faut éviter que l'inégalité de tassement qui en résulte ne cause des lézardes dans l'ouvrage.

Le premier consiste à bâtir le mur sur toute sa longueur et à n'élever une assise sur les précédentes que

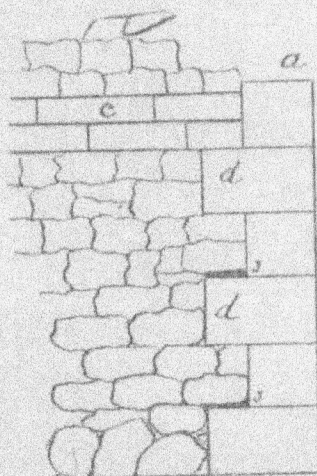

Fig. 57. — Equarris et chaîne en pierre de taille dans un mur en moellons.

lorsque le mortier de celles-ci est suffisamment dur ; on aura soin toutefois de faire des joints minces dans la maçonnerie de moellons et de presser fortement les pierres les unes sur les autres en construisant.

Un autre procédé est de placer sur la partie supérieure des pierres de taille saillantes un joint épais de mortier à prise lente, de façon que si la maçonnerie de blocage se tasse, ce mortier s'affaissera un peu sans produire un appui exagéré sur la pierre de taille. Il en résulte que le joint qui se trouve au-dessous de la pierre de taille saillante s'ouvre un peu, mais on le rebouche avec du mortier frais lorsqu'on fait le rejointoiement des parements (Fig. 57).

Enfin on peut construire les trumeaux et parties en petits matériaux avec du mortier à prise rapide, ciment ou chaux hydraulique, et mener la construc-

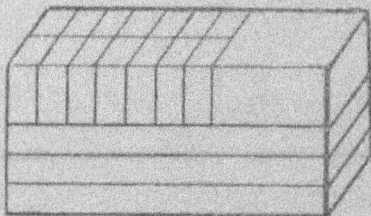

Fig. 58. — Mur en pierres de taille et briques.

tion par assises successives au fur et à mesure que le mortier est bien dur.

Dans les maçonneries mixtes, les pierres de taille et les briques s'emploient pour faire aussi les angles, jambages, linteaux, embrasures, appuis de croisées, seuils de portes, voussures, pieds-droits, etc. (Fig. 51).

Rocaillages. — Pour donner un aspect *rustique* aux murs, on fait le rocaillage des joints apparents sur les parements : pour cela, on pose de petits éclats de pierre, de meulière, de mâchefer, de poteries vernissées ou même de coquillages sur le mortier des joints. Pour rocailler un mur déjà construit, on dégrade profondément les joints, on les lave à grande eau, puis on les remplit de mortier frais sur lequel on pose le rocaillage.

Murs de béton comprimé. — Nous avons indiqué plus haut la composition des bétons de ciment et de chaux hydraulique ; en comprimant, au moyen d'une *dame* ou pilon en fer ou en bois dur, le béton dans une forme, *coffrage* ou *caissage*, on en fait des murs qui acquièrent rapidement une grande dureté et une solidité à toute épreuve. Aujourd'hui, on *arme* ces murs au moyen de barres de fer noyées dans la masse du béton et l'on obtient ainsi des murs de haute résistance employés pour les plus grands ouvrages, tels que réservoirs, ponts, voûtes, etc. ; en raison de l'importance qu'a prise la construction des murs en *béton armé*, nous lui consacrerons un volume spécial et ne nous occuperons ici que des murs en béton comprimé non armé.

Quand il s'agit de murs de fondation, on peut creuser la terre selon la forme à donner aux murs, et la terre constitue ainsi le moule dans lequel sera comprimé le béton. S'il s'agit de murs hors du sol, on fait un coffrage avec des planches soutenues par des pieux, des étais et des traverses convenablement disposées et offrant une résistance suffisante pour résister à la poussée du béton pendant sa compression au pilon.

On jette le béton, *simplement humecté*, mais non noyé d'eau, dans le coffrage, à la pelle ou à la griffe, sorte de fourche à dents très rapprochées. Quand le béton ainsi jeté atteint une épaisseur de 0 m. 25 environ, on pilonne également et fortement *sans lisser l'assise* supérieure puis on jette une nouvelle couche.

Pour relier en longueur les diverses parties d'un mur en béton, on taille en pente inclinée à 45 degrés la partie du mur déjà faite, et on la garnit de mortier frais sur lequel on pilonne le nouveau béton. On relie de même une assise sèche avec le nouveau béton, par une couche de mortier frais, de ciment portland ou chaux hydraulique.

Quand le béton doit être employé *sous l'eau*, il faut le préparer avec des ciments à prise rapide, le mouiller très peu et le *couler* immédiatement à l'endroit qu'il doit occuper, soit au moyen de *coulottes* ou conduits en planches, soit en le faisant glisser sur des planches inclinées. Mais, si la profondeur excède un mètre, on emploie des *caisses à couler le béton* que l'on descend pleines avec une grue ou treuil jusqu'au fond de l'eau où elles s'ouvrent par le fond au moyen d'un mécanisme approprié : le béton se trouve ainsi

Fig. 59. — Caisse à couler le béton.

posé au fond de l'eau sans être délayé ; on le pilonne ensuite. Dans ce travail sous l'eau, une certaine quantité de la chaux se trouve cependant entraînée et forme tout autour de l'ouvrage une *laitance*.

On doit augmenter d'environ 10 0/0 la proportion de chaux dans ces bétons, pour compenser celle qui est ainsi entraînée.

Quelle que soit sa destination, le béton doit toujours être préparé au fur et à mesure de son emploi ; si l'on veut utiliser du béton fait la veille et déjà un peu durci, il faut le diviser, le concasser et le mélanger intimement avec du béton frais.

Pour les ouvrages à l'air, il est bon d'arroser le béton après qu'il est devenu dur, ce qui augmente son durcissement.

Le béton de chaux hydraulique revient à environ 21 francs le mètre cube.

Le béton de ciment Portland de 25 à 40 francs le mètre cube selon la proportion de ciment employée.

Un béton très chargé de ciment Portland à raison de 400 kilos de ciment par mètre cube vaut 60 francs le mètre cube.

Béton aggloméré Coignet. — Ce béton est composé de sable à gros grains (1 à 5 millimètres), aussi propre que possible, c'est-à-dire exempt de matières terreuses, et d'une quantité relativement faible de chaux hydraulique éteinte en poudre ou de ciment Portland.

La quantité d'eau à employer pour la trituration de ce béton de sable varie entre un litre d'eau pour dix litres de béton et un litre d'eau pour quatorze litres de béton, selon que l'on veut une dureté plus ou moins grande. L'agglomération du béton est due à une manière spéciale de mélanger le sable et la chaux au moyen d'un malaxeur mécanique mû par un cheval ou par une machine motrice. Nous donnons ci-après les doses de sable et de chaux hydraulique ou ciment qui sont d'abord mélangées au pied du malaxeur puis jetées dans cet appareil par petites quantités avec les doses d'eau convenables.

Mélanges en volume d:

1 Sable de rivière, gros ou demi-gros . . . . 4 parties
  Chaux d'Argenteuil éteinte en poudre 1   —
  Ciment Portland 0,50
  Poids au mètre cube . . . . 2085 kil.
  Charge d'écrasement par centimètre carré . . . . . . 256 kil.

2 Sable gros de rivière . . . . 5 parties
  Chaux d'Argenteuil 1   —
  Ciment Portland 0,75
  Poids du mètre cube . . . . 2180 kil.
  Charge d'écrasement par centimètre carré . . . . . . 319 kil.

3 Sable mélangé .... 4 parties
   Chaux hydraulique du Teil 1   —
   Ciment Portland de Boulogne 0,75
   Poids du mètre cube .... 2348 kil.
   Charge d'écrasement .... 508 kil.

4 Sable de Fontainebleau....................... 4 parties
   Chaux du Teil 1   —

La trituration ou broyage au malaxeur favorise la prise ultérieure de ces bétons qui doivent sortir de l'appareil sous forme de poudre à peine humide, susceptible de former des boules ayant une certaine résistance lorsqu'on les presse simplement dans la main.

La mise en œuvre doit se faire immédiatement après le broyage : qu'il s'agisse de construire des murs ou des voûtes, de faire des dallages ou des pierres artificielles, le béton est jeté dans les coffrages ou dans les moules par couches de 5 à 6 centimètres d'épaisseur et battu également et fortement avec un pilon en fonte pesant environ 8 kilos. La dureté qui se produit par la suite dépend non seulement de la bonne qualité des matériaux, mais surtout du broyage bien fait et du pilonnage suffisant qui est terminé quand le pilon rend un choc pleinement sonore.

Pour relier les diverses assises les unes aux autres, on les *ravive* en les ratissant avec un râteau à dents courtes et très rapprochées.

15 hectolitres de béton donnent environ un mètre cube après pilonnage.

Le béton aggloméré s'applique à tous les genres de construction et particulièrement aux fondations, murs et voûtes de caves, égouts, citernes et réservoirs, et à la fabrication de la *pierre artificielle moulée* qui permet d'obtenir, avec des moules sculptés en creux, des pierres ornementées et bon marché ; on en fait aussi des tuyaux de conduite d'eau, des colonnes, etc.

Le béton aggloméré est du reste susceptible d'être armé au moyen de barres de fer qui lui donnent une liaison et une solidité considérables.

Constructions en pans de bois. — Les murs en pans de bois sont constitués par un grillage en bois dans les mailles duquel sont insérés des moellons, des briques ou des plâtras maçonnés avec du plâtre ou de

Fig. 60.

la chaux. Quand il s'agit de cloisons minces, le remplissage des trumeaux se fait avec des carreaux de plâtre ou des briques sur champ ; quelquefois, on se borne à clouer un *lattis* de chaque côté du mur et à le recouvrir d'un enduit ; on obtient ainsi une sorte de cloison double très légère, mais susceptible de l'incendie et servant facilement de logement aux rats et souris.

La construction des murs en pans de bois comprend d'abord l'établissement des boiseries que nous traiterons au volume spécial de la *Charpente en bois*, ensuite le remplissage des trumeaux dont la maçonnerie doit adhérer fortement aux pièces de bois ; pour cela, on *larde* ces bois de clous en fer à larges têtes dits *clous à bateaux*.

Les murs en pans de bois doivent reposer sur un soubassement en maçonnerie de moellons hourdés à la chaux hydraulique, afin de préserver les bois de la pourriture et d'empêcher l'humidité de monter le long des remplissages des trumeaux.

Constructions en terre battue. — La terre est employée à la construction des murs de clôture et des maisons d'habitation ou d'exploitation rurale dans un grand nombre de contrées où la pierre est rare.

Les départements de l'Ain, de Saône-et-Loire, du Rhône, de l'Isère, l'Auvergne, le Dauphiné et la Normandie possèdent un grand nombre de constructions en *torchis* de terre mêlée de paille ou en *pisé* de terre battue.

Quand les murs en terre battue sont bien faits et protégés convenablement de l'attaque directe de la pluie, ils durent plusieurs siècles ; il y a donc dans l'emploi de la terre pour les constructions rurales une ressource des plus intéressantes, la matière première ne coûtant rien et la main-d'œuvre peu de chose, à cause de la facilité et de la rapidité de l'exécution de ce genre de maçonnerie.

Dans son célèbre *Traité de l'art de bâtir*, l'architecte Rondelet écrivait il y a plus d'un siècle :

« Toutes les terres qui ne sont ni trop grasses ni

« trop maigres, toutes celles qui soutiennent un
« talus rapide, sont bonnes pour *piser* ; la meilleure
« est la *terre franche qui est un peu graveleuse*,
« ou argile sablonneuse, que l'on passe à la claie
« fine pour en enlever les graviers et qu'on purge
« soigneusement de tout débris de racines, de fumier,
« etc. Quand ces terres sont trop maigres, on se
« trouvera bien, suivant l'expérience que j'en ai
« faite, de les humecter avec un lait de chaux au lieu
« d'eau pure. »

Si donc vous possédez dans votre propriété, ou
bien dans le voisinage, de la terre forte ou argile
sablonneuse, vous pourrez en tirer un très bon parti
pour la construction des murs en général. Si cette
terre est trop grasse et qu'elle se rapproche de l'argile à poterie, améliorez-la par un mélange intime
avec de la terre plutôt maigre et du sable ; ce que
vous ferez en divisant les masses de terre par petites
parties et en les faisant fouler suffisamment par un
cheval au manège.

L'argile trop grasse est difficile à pilonner, très
longue à sécher et se fendille en séchant, ce qui la
rend défectueuse pour le pisage. La terre maigre n'a
pas évidemment la consistance suffisante pour former
un mur solide. Choisissez donc la terre en vous ins-
pirant exactement des préceptes du fameux architecte cité plus haut.

Ne craignez pas de laisser dans cette terre les
petits graviers dont la grosseur est inférieure à une
noix, mais n'y tolérez aucune racine ou brins de
fumier, car ces matières ne tarderaient pas à en-
gendrer dans vos murs des végétations ou des animaux très petits qui en compromettraient la solidité
et la salubrité.

Vous ne prendrez donc pas, pour piser, les couches

supérieures du sol, qui ont été cultivées et dans la terre desquelles se trouvent toutes sortes de germes et débris, animaux et végétaux vivants ; enlevez d'abord cette couche d'humus ou terre végétale et n'employez pour la construction des murs que la terre vierge qui se trouve à 40 ou 50 centimètres de profondeur.

Souvent vous trouverez une terre convenable dans le creusement des fondations de la maison à édifier ; c'est ce qui arrive presque toujours dans les contrées que j'ai citées au début.

Fondations et soubassement des murs. — Il est indispensable de préserver un mur en terre battue du contact direct du sol dont l'humidité monterait dans le pisé et ne tarderait pas à le détruire.

Construisez donc les fondations et les soubassements des murs avec des pierres sèches, s'il s'agit d'un simple mur de clôture, ou avec des pierres et du mortier de chaux hydraulique, si c'est une maison qui est projetée.

Elevez le mur en pierres assez haut au-dessus du sol pour que l'humidité ne puisse le surmonter. Si le terrain est naturellement sain et sec, un soubassement de 20 à 30 centimètres de hauteur sera suffisant ; si la construction est élevée dans un bas-fond humide ou exposé aux inondations, faites le mur en pierres assez haut pour que l'eau ne puisse en aucun cas atteindre le pisé qui sera au-dessus. Le soubassement peut en ce cas atteindre un mètre de hauteur et même beaucoup plus, cela ne dépend que des circonstances locales.

Si vous voulez construire un grenier très chargé au-dessus du rez-de-chaussée, il vous faudra construire en pierres les murs jusqu'au plancher de ce

grenier et ne commencer les murs en terre qu'au-
dessus ; ou bien encore vous élèverez des piles en
pierres sous les maîtresses poutres du grenier et les
intervalles entre ces piles seront remplis de murs en
terre.

Les fondations, soubassements ou piles de soutien
des fortes poutres étant ainsi établis, le choix de la
terre étant fait, deux moyens s'offrent à vous pour
employer cette terre.

1° *Bauge ou torchis.* — Faites une boue très con-
sistante en humectant convenablement la terre argileuse et mélangez intimement à cette pâte, de la
paille ou du foin, à raison d'un hectolitre pour un
mètre cube de terre. Pour la construction du corps
du mur, employez la paille ou le foin en grandes
longueurs ; pour finir l'ouvrage et les revêtements,
faites un nouveau torchis avec de la paille ou du foin
hachés.

Appliquez ces mixtures avec une fourche en
couches successives pour former un mur dont les
parements et les épaisseurs seront déterminés par
des piquets de bois et des cordeaux tendus.

Frappez, égalisez et lissez les faces du mur avec la
pelle et la truelle.

Le torchis de paille hachée et de terre mouillée
s'emploie de même pour combler les interstices des
constructions en pans de bois.

Vous ne ferez avec ce procédé simple et primitif
que des murs légers de clôtures ou pour des constructions de peu d'importance ; il a l'avantage de
ne nécessiter aucun outillage spécial mais ne présente pas la solidité du *pisé* proprement dit.

2° *Pisé de terre battue.* — Le pisé se fait avec la

terre argileuse très peu humectée et fortement pilonnée, au moyen d'une sorte de *dame* en bois dur appelée *pison* ou *pisoir*, entre des formes en planches nommées banches.

Pour fabriquer le pisoir, prenez un morceau de bûche de bois dur de 20 centimètres de diamètre et

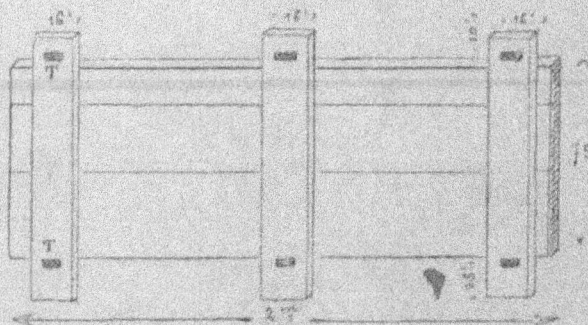

Fig. 61. — Panneau de banche.

autant de hauteur et emmanchez-le d'un bâton assez gros pour être bien en main comme par exemple un manche de bêche.

Pour constituer les *banches* entre lesquelles la terre sera pilonnée, faites deux panneaux en planches de sapin de 34 millimètres d'épaisseur et de 2 mètres de longueur ; la largeur de ces panneaux sera de 70 à 75 centimètres ; assemblez les planches, pour former cette largeur, par trois traverses de 16 centimètres de largeur que vous obtiendrez en refendant en deux une des planches de sapin ; ces planches sont en effet vendues avec 32 centimètres de largeur, coupez ces traverses de 1 m. 10 de longueur, de façon qu'elles dépassent le panneau d'environ 25 centimètres d'un côté et de 10 centimètres de l'autre ; puis percez dans chaque traverse, au ras des planches du panneau,

deux trous rectangulaires de 6 centimètres de longueur sur 5 centimètres de hauteur.

Ces trous vont servir à passer les six traverses appelées *bassonniers* qui assemblent la forme ou caissage
de chaque côté du mur.

Faites ces six traverses avec des portions de chevron
raboté ayant 6 centimètres de largeur et 5 centi-

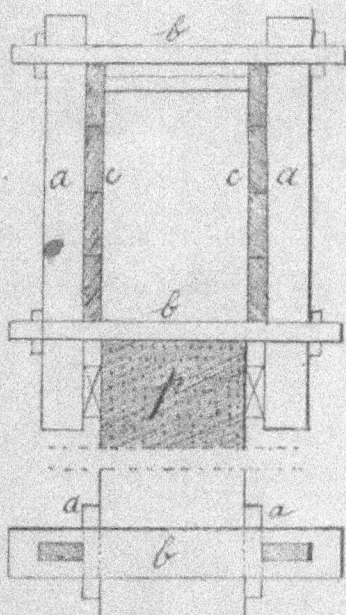

Fig. 62. — La banche sur le mur en pisé.
  a traverses.
  c planches assemblées.
  bb bassonniers.

mètres d'épaisseur ; c'est ici qu'intervient la question
de l'épaisseur du mur qui est généralement entre
40 et 50 centimètres selon qu'il s'agit d'un mur de
de clôture ou d'un mur de maison d'habitation ou
d'exploitation rurale.

Pour utiliser ces traverses dans tous les cas,

coupez-les de 75 centimètres de longueur et percez-y deux trous ronds de 10 millimètres de diamètre, distants de 65 centimètres de centre à centre des trous ; coupez douze chevilles en fer pour entrer dans ces trous, qui donneront à la *banche* une largeur intérieure égale à 50 centimètres, épaisseur ordinaire d'un gros mur.

Pour faire un mur plus mince, il vous suffira de percer des trous plus rapprochés dans les mêmes traverses.

Le montage de la banche est des plus simples ; installez le caisson, formé par les deux panneaux et ses six traverses, sur le mur déjà commencé en soubassement, les deux panneaux *C C* étant à l'alignement du mur reposant sur les traverses inférieures *B* et maintenus en haut par les traverses supérieures *B*, le tout arrêté par les chevilles ; faites apporter la terre dans des paniers ou hottes et répartissez-la tout le long de la *banche* en la pisant au fur et à mesure par couches de 10 à 12 centimètres d'épaisseur, constituez ainsi, quand la forme en planches est pleine, une *banchée*, sorte de grosse brique en terre crue comprimée, dont les extrémités à droite et à gauche seront irrégulières.

Démontez alors les panneaux ; retirez les traverses, en laissant ouverts les trous qu'elles ont imprimé dans la banchée, ce qui aidera au séchage rapide du mur et remontez la banche à la suite, puis au-dessus de la portion de mur déjà formée, en ayant soin d'intervertir les lignes de séparation des banchées successives.

Pour lier ensemble les banchées, on a coutume dans quelques pays d'étendre une couche de mortier de chaux et de sable, sur la banchée déjà pilonnée ; cela n'est pas absolument nécessaire s'il ne s'agit que d'un mur peu élevé et ne comportant que trois ou quatre banchées superposées.

Si, au contraire, vous voulez construire une maison à plusieurs étages, réunissez les couches successives de pisé en interposant entre elles une épaisseur de 2 à 3 centimètres de mortier de chaux étendu sur toute la largeur du mur déjà fait ; dans ce mortier vous poserez des lattes en bois qui s'encastreront dans le mortier et dans la terre comprimée et formeront une liaison entre les banchées.

De même vous lierez ensemble par des perches en

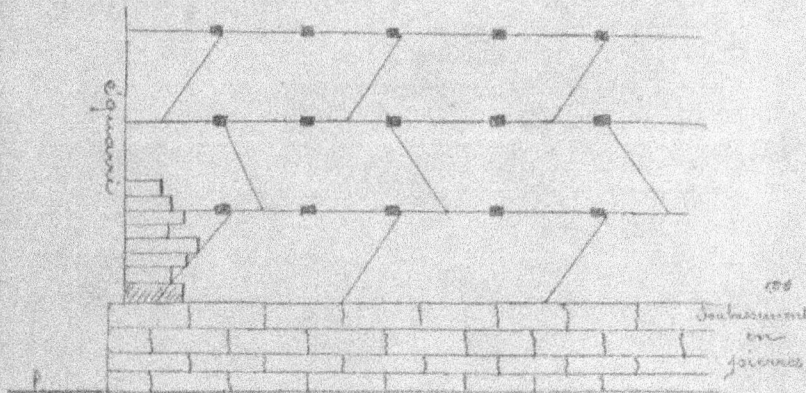

Fig. 63. — Mur en pisé.

bois noyées dans ces couches de mortier de chaux les murs de refend avec les murs d'entourage extérieur.

Les trous de passage des traverses de la banche au travers des murs ne seront bouchés avec du mortier de chaux qu'après que les mois d'été auront séché suffisamment les murs de terre.

Pour la confection des équarris ou coins des murs, faites en sorte de bien lier ensemble les banchées des deux murs en les engageant l'une sur l'autre obliquement et par des perches ou lattes dans du mortier ; ne craignez pas de monter la portion inférieure de l'équarri en pierres et mortier, car cette partie du bâtiment est sujette à recevoir des chocs qui dégraderaient le pisé.

Aux endroits où les poutres des planchers ou de la toiture reposent sur le mur, faites une assise avec quelques larges pierres et un peu de mortier, afin que les poutres ne reposent pas directement sur le pisé. Ce peu de maçonnerie a l'avantage de répartir la charge sur une large surface du mur et il préserve la poutre du contact de la terre qui tendrait à faire pourrir le bois.

Vous construirez les montants et les linteaux ou *couvertes* des portes et fenêtres d'une maison en pisé, avec des briques, des pierres ou des pans de bois de chêne, comme dans le cas d'une maison en maçonnerie ordinaire.

Avantages du pisé. — Le prix de l'outillage nécessaire pour construire un vaste immeuble en pisé n'excède pas *cinquante francs*, la terre ne coûte rien et la main-d'œuvre est plus de moitié moindre que pour la construction en pierres ou briques.

Une fois bien secs, les murs sont sains, chauds en hiver et frais en été.

Dans certains pays où l'on ne trouve point de pierres, on construit ainsi des maisons très vastes et de plusieurs étages.

La durée des murs en pisé est indéfinie à condition qu'on les protège convenablement des intempéries et principalement des pluies battantes et délayantes au moyen d'enduits formés de bourre et de chaux, de revêtements en ardoises, ou simplement en faisant déborder suffisamment les auvents des toitures.

L'architecture normande offre à cet égard de précieux enseignements.

Le meilleur moment pour édifier les murs en pisé est le printemps, ce qui leur permet de sécher complétement pendant l'été et de recevoir l'enduit protecteur avant l'hiver.

Enduit spécial pour murs en pisé. — Faites une pâte claire mais liante avec une partie de chaux éteinte, quatre parties d'argile et de l'eau ; ajoutez et malaxez dans cette pâte autant de bourre émiettée qu'il en faut pour que toute la masse en soit parsemée ; employez la bourre des tanneurs ou la bourre des tondeurs de drap.

La bourre doit être bien divisée et battue afin qu'elle ne forme pas des paquets dans la masse de pâte.

Etendez l'enduit à l'automne sur le mur en pisé sec, avec un gros pinceau ou bien en le jetant et l'étalant avec une truelle.

N'enduisez pas les murs par grande pluie ni en temps de gelée qui empêcheraient la bonne dessiccation.

CHAPITRE VI

TRACÉ DES BATIMENTS ET IMPLANTATION DES MURS

On détermine l'alignement principal du bâtiment et l'on prend comme base du nivellement un point déterminé du bâtiment, la hauteur d'une marche ou d'un seuil du rez-de-chaussée, par exemple. C'est à partir de cet alignement et de cette *cote de niveau* que sera tracé tout l'ouvrage.

Les alignements secondaires des murs de refend et autres sont marqués au moyen de cordeaux ou *lignes* tendus entre des piquets convenablement plantés en terre. Les lignes ne doivent pas se trouver exactement sur l'alignement des parements des murs à construire, car elles gêneraient le maçon dans la pose des pierres : on plante les piquets de façon que les lignes se trouvent à un centimètre en dehors des maçonneries, quand il s'agit de murs ordinaires ; pour les murs soignés ou en pierre de taille, cette distance est réduite à cinq millimètres. Quand les murs commencent à s'élever au-dessus du sol, on remplace les piquets par des règles verticales ou des perches parfaitement droites sur lesquelles on cloue

des traverses horizontales ou *broches* ayant une longueur égale à l'épaisseur du mur à construire plus
un ou deux centimètres : c'est entre les extrémités
de ces broches que l'on tend les lignes sur lesquelles
le maçon se dirigera pour poser les matériaux. L'une
des lignes est posée à 0 m. 25 environ au-dessus du
sol ou de l'échafaudage et la deuxième ligne à un
mètre environ au-dessus de la première. Le maçon
déplace les broches et les lignes en même temps
qu'il remonte son *échafaud*. Il doit tenir compte dans

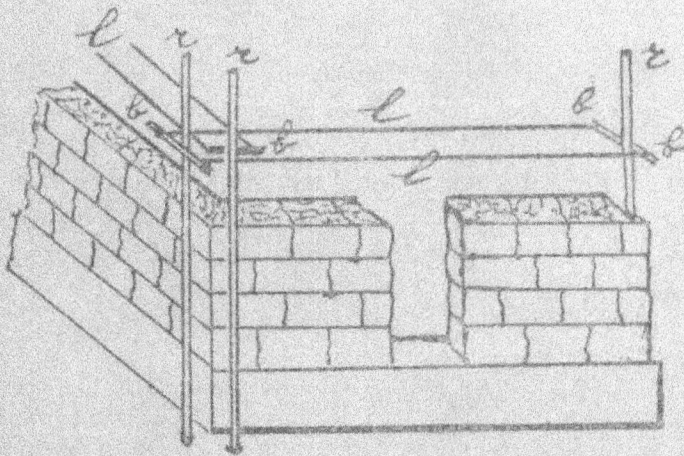

Fig. 64.

le réglage de ses lignes du *fruit* à donner aux parements du mur : c'est ainsi par exemple que si un
mur doit avoir une épaisseur à la base de 0 m. 50 et
un fruit de 1/2 centimètre par mètre sur chaque
parement, les lignes à la base devront être distantes
de 52 centimètres et celles à 1 mètre au-dessus
seront distantes seulement de 51 centimètres ; le rang
de lignes qui viendra ensuite n'aura plus que 50 cen-

timètres d'écartement et ainsi de suite jusqu'en haut du mur.

Pour poser les pierres le maçon s'aligne *à l'œil* sur le plan formé par les cordeaux tendus parallèlement, il s'aide aussi du fil à plomb, de la règle et du niveau pour que les assises successives du mur soient horizontales.

Au fur et à mesure que le mur s'élève, il devient difficile d'utiliser, pour l'attache des lignes, les perches plantées dans le sol. On fixe alors, contre les parements du mur déjà construit, des règles longues et rigides que l'on maintient au moyen de *broches* ou *chevillettes* en fer et aussi par quelques truellées de plâtre.

On doit tenir compte dans le calcul des écartements des lignes d'implantation des enduits plus ou moins épais que les murs doivent recevoir (fig. 64).

Au fur et à mesure que le mur s'élève on trace aux endroits voulus les emplacements des fenêtres et portes, des appuis des maîtresses poutres et des conduits de cheminées et autres.

On réserve dans la construction du mur les vides nécessaires à ces baies et aux *allèges* qui en forment la partie supérieure ; ces allèges sont construites ultérieurement.

Dans la construction des fondations le tracé des murs se fait de la même manière, mais on fixe alors les règles contre les parois même de la fouille et l'on tend les lignes supérieures au niveau du sol, ce qui détermine le haut des murs de fondation. A. F.

TABLE DES MATIÈRES

Orléans. — Imprimerie H. TESSIER.

www.ingramcontent.com/pod-product-compliance
Lightning Source LLC
Chambersburg PA
CBHW062021200326
41519CB00017B/4878